数えないで生きる

不计较的勇气

"自我启发之父"阿德勒的生活哲学课

［日］岸见一郎◎著

渠海霞◎译

本书基于阿德勒心理学，对我们如何积极面对包括死亡在内的人生课题进行了系统阐释。本书共分三章。第一章为"不断探索的'我'"，围绕"思索人生"，强调了思索人生的重要性，并倡导真正的人生意义必须由自己去探索，也唯有如此才能活出自己的人生。第二章为"驻足静思的'我'"，作者认为，无论我们的生活多么忙乱，只要静下心来想清楚"什么才是对自己最重要的"，就能够从容面对生活中的一切，过真正属于自己的有意义的生活。第三章为"随时可变的'我'"，重点强调活着即变化，只要我们自己有改变的意愿和决心，我们的生活就能随时改变。作者认为，我们只有认真思考对自己来说什么才是最重要的，然后聚焦当下，不计较过往，不焦虑未来，认真而又从容地做好当下能做的事情，才能过自己有意义的人生。

Original Japanese title：KAZOENAI DE IKIRU

Copyright © 2021 Ichiro Kishimi

Original Japanese edition published by Fusosha Publishing, Inc.

Simplified Chinese translation rights arranged with Fusosha Publishing, Inc. through The English Agency (Japan) Ltd. and Shanghai To-Asia Culture Co., Ltd.

北京市版权局著作权合同登记　图字：01－2021－7555号。

图书在版编目（CIP）数据

不计较的勇气："自我启发之父"阿德勒的生活哲学课／（日）岸见一郎著；渠海霞译. —北京：机械工业出版社，2023.3（2024.9重印）
ISBN 978－7－111－72570－1

Ⅰ.①不… Ⅱ.①岸… ②渠… Ⅲ.①人生哲学-通俗读物 Ⅳ.①B821－49

中国国家版本馆CIP数据核字（2023）第010897号

机械工业出版社（北京市百万庄大街22号　邮政编码100037）
策划编辑：坚喜斌　　　　责任编辑：坚喜斌　刘怡丹
责任校对：薄萌钰　张　征　责任印制：常天培
北京机工印刷厂有限公司印刷
2024年9月第1版·第7次印刷
145mm×210mm·6.25印张·1插页·108千字
标准书号：ISBN 978－7－111－72570－1
定价：55.00元

电话服务　　　　　　　　　网络服务
客服电话：010-88361066　　机　工　官　网：www.cmpbook.com
　　　　　010-88379833　　机　工　官　博：weibo.com/cmp1952
　　　　　010-68326294　　金　书　网：www.golden-book.com
封底无防伪标均为盗版　　　机工教育服务网：www.cmpedu.com

译者序

柏拉图曾说："对于任何生物来说,出生便意味着痛苦的开始。"诚然,恐怕没有谁的人生总是顺心如意的。可是,喜怒哀乐才是人生的真实滋味,只有积极面对人生中的各项课题,才能不枉此生、不负自己。那么,怎样才能做到积极面对包括死亡在内的人生课题呢?长年致力于阿德勒心理学研究的日本哲学家岸见一郎给出了一个很好的建议,那就是:认真思考对自己来说什么才是最重要的,然后聚焦当下,不计较过往,不焦虑未来,认真而又从容地做好当下能做的事情。

本书围绕这一主题思想,分三章展开。第一章为"不断探索的'我'"。这一部分围绕"思索人生"这一主题展开,在强调了思索人生意义之重要性的基础上,借用阿德勒"不存在普适性的人生意义,人生意义完全由你自己去赋予"这一观点来说明没有适合所有人的人生意义,真正的人生意义必须由自己去探索,也唯有如此才能活出自己的人生。第二章为"驻足静思的'我'"。这部分首先分析了面对现实生活常常表现出"畏惧恐慌""犹豫不决""停滞不前"之类态度的人群,继而导出"从容生活"与"驻足静思"的必要性,并进一步给出了"随遇而安""随性而活""不计较""丢掉虚荣心""信赖他人""正视现实"等一系列具体可行的建议。的确,繁忙的生活常常令现代人无所适从,甚至都弄不清楚自己到底为何而忙又为何而活,于是便出现了诸多心理不适甚至是心理问题。在本章中,岸见一郎告诉我们:不是生活使我们成为不停转动的"陀螺",而是我们自己缺乏"驻足静思"的勇气。无论生活多么忙乱,只要静下心来想清楚"什么才是对自己最重要的",就能够从容面对、恰当取舍,过真正属于自己的有意义的生活。第三章为"随时可变的'我'"。这部分重点强调一个道理,那就是:活着即变化,只要我们自己有改变的意愿和决心,就随时可以改变。在本章中,作者在强调了"随时可变"的基础上,进一步分析了如何具体去改变。诚如作者所言,我们都"活在不可逆的人生中",过去的经历看似不可改变,但如果"现在"发生了变化,也就是现在的自己改变了心态和看问题的视角,那"过去"也会随之发生变化,我们就可以从过去的经历中学到许多,继而对现在的生活产生积极影响。这就正如阿德勒所言,"重要的不是被给予了什么,而是如何去利用被给予的东西"。所以，我们既可以正确看待过去，也可以适当展望未来，但更应该聚焦当下，在当下生活中发现生存的意义。如此一来，我们便能够积极愉快地投入到"当下"之中，也就不会因过去徒增伤感或者因未来而无端焦虑，生活自然也就能够变得从容而富有意义。

总之，不必畏惧人生中的痛苦与艰辛，也不必奢望事事顺心如意，因为，畏惧和幻想都无法使我们的生活变得更好。我们只有懂得"随时可变"的道理，拥有"驻足静思"的勇气，拿出"不断探索"的决心，才能够找到适合自己的生命意义，活出真正属于自己的精彩人生。

渠海霞
聊城大学外国语学院教师，
北京师范大学文学院在读博士
2022 年 8 月 10 日

前言

究竟什么才是重要的

人一旦生病或者遭遇事故灾难，就不得不重新考虑什么才对自己真正有价值。也许很多人从未考虑过那样的事情，但如果经历了病痛或事故灾难，往往就会发现之前认为很有价值的东西其实一点都不重要。因为，在那样的情况下，人才会真正意识到人生并不会永远持续，明天也未必就会如期而至。这里所说的原本认为有价值的东西常常是指金钱、荣誉或者社会地位。随着年龄的增长，当年轻时轻轻松松就能做到的事情无法再做到的时候，人往往就会意识到原本认为非常有价值的东西其实并没有什么价值。

哲学家三木清将人生比喻为在沙滩捡拾贝壳。而沙滩的彼岸就是波涛轰鸣的黑暗大海。有人注意到了这一点，也有人并未注意到。

可是，"当某个机会令他们不得不去下决心的时候"，查看一下手中用来盛放一路所拾贝壳的篮子才发现，曾经觉得好看而捡拾的贝壳竟然如此丑陋，原来认为光辉闪

前言
究竟什么才是重要的

耀的贝壳如今也没了光泽,过去认为是美丽贝壳的东西也只不过是一块石子而已。但是,到了那个时候,曾经温柔娴静地横亘在他们身旁的大海将会裹着破坏性的惊涛骇浪滚滚袭来,一下子把他们卷入深不见底的黑暗之中。

"破坏性的惊涛骇浪"代表的是死亡。死亡会将人连同其一生辛苦捡拾的贝壳一同卷入深不见底的黑暗之中。明明知道人生的终点是死亡,可为什么还要一路辛勤地捡拾那么多的贝壳呢?

三木清也说有的人能够做到"即使拥有一刹那的时光也要发现并捡拾散发着永恒光辉的贝壳",但我们原本也可以不去捡拾贝壳,活着也并不代表就一定要去捡拾贝壳。

意识到自己捡拾的贝壳其实并没有价值,也并不只有在破坏性的惊涛骇浪将人卷走之时。其中,或许有的人只有在死亡面前才会意识到这一点,但有的人却会在经历了先于死亡到来的衰老或疾病之后就会意识到。

不过,不管经历什么都不会改变的人是不会有什么变化的。即使那些生病住院的时候决心要在康复之后换个活法的人,一旦其病愈,往往也会忘记生病时候的事情。

其实，谁都不知道自己什么时候就会生病。当然，并没有人想要生病，但即便那些之前从未想过自己会生病的人，现在也有可能会生病。跟病倒的时候一样，一旦开始思考人生中什么才重要，之后的人生势必就会发生巨大变化。

李沧东导演的电影《燃烧》中有一个画面是登场人物讲述在非洲卡拉哈里沙漠的布希族有两种人，分别是 Little Hunger 和 Great Hunger。Little Hunger 是肚子饥饿的人，而 Great Hunger 是为人生意义而饥饿的人。后者活着就一定要去追问人为什么活着、人生的意义、生命的意义之类的问题。

没有经历过什么挫折，人生一直顺风顺水的人也许并不想去追问人生的意义。他们往往会理所当然地将取得金钱、荣誉、社会地位等作为人生目标，并为实现那些目标而进行相应的人生设计。

阿德勒说："不存在普适性的人生意义。人生的意义完全由你自己去赋予。"

这并不是说没有人生的意义，意思是说没有"普适性"的人生意义，即没有对任何人都适用的人生意义。

前言
究竟什么才是重要的

并非人人一开始就是 Great Hunger。倘若不想去过不同于他人的独特人生,对与大家一样茫然地活着这一点不抱有任何疑问,也就不会存在 Great Hunger 那样的烦恼了。

在经历了失败、挫折和开头看到的疾病、事故灾害之后,人往往就会意识到在之前的人生中并没有认真思考过真正有价值和重要的究竟是什么,继而便会开始思考人生的意义。人生的意义究竟是什么?希望大家今后认真去思考,但要先想一想从哪里开始思考。

首先就是要活出自己的人生。许多人深信不疑地追求的成功绝非唯一正确的人生目标,但仅仅因为大家都去追求便也想要过与大家一样的人生的人,并不能说其活出了自己的人生。因为,那样的人生并不是自己的选择。

即使成功了,他们也未必就能够获得幸福;即使没有取得捡拾贝壳那样的成功,他们也可以生活得很幸福。

我曾经在电视上看到一位刚刚失去妻子的七十多岁的男士在接受采访时回答:"一切都无所谓……"他的话引起了我对"人生中真正重要的究竟是什么"的思考。

或许有人会说如果不工作可能就没法生存,但痛失深爱的家人的人往往懂得人生中有真正重要的东西。有比成功更重要的事情，我们应该将其作为人生目标，那就是幸福。即便不成功或一事无成，只要活得幸福，其他什么都不需要，纵然是惊涛骇浪瞬间卷走一切也没有关系。

其次就是要认识到自己活着就具有价值。父母在孩子小的时候，仅仅因为其活着就很开心。那时候，孩子仅仅因为活着就能够对父母做出贡献。父母对孩子提出取得好成绩之类的要求往往是在孩子长大一些之后。

对于大人，道理也是一样的。自己活着对他人来说就是一种喜悦，仅仅因为这一点就在为他人做贡献。如果能够这样看自己，那么对他人的看法也会发生变化。

最后就是放下过去和未来，认真活在"当下"。

我们无法假设今后的人生什么事情都不会发生，从而在此基础上去设计人生。很多时候，人们仅仅是因为没有活在"当下"，才感觉能够看到未来的人生。

目　录

译者序

前言　究竟什么才是重要的

第一章　不断探索的"我" / 001

自己的价值岂能由他人来决定 / 002

由虚假联系转向真实联系 / 008

不近亦不远 / 014

关于个性 / 018

理解他者 / 023

为何活着很辛苦 / 028

接受周围人的援助 / 031

人群中的孤独 / 037

病者物语 / 042

最后的留存 / 046

第二章　驻足静思的"我" / 051

畏惧恐慌者 / 052

犹豫不决者 / 058

停滞不前者 / 063

从容生活 / 067

驻足静思 / 071

随遇而安 / 078

随性而活 / 085

不规划的勇气 / 088

不计较的勇气 / 092

退出竞争 / 098

没有无用的学习 / 101

丢掉虚荣心 / 106

信赖他人 / 111

周二也很糟糕 / 117

正视现实 / 121

第三章　随时可变的"我" / 129

活着即变化 / 130

当下并无优劣之分 / 135

小确幸 / 138

活在不可逆的人生中 / 148

那日那时的自己 / 151

从过去的经历中学习 / 156

人生并不合理 / 158

留给未来 / 164

只要心中有希望 / 168

生存的意义在"当下" / 172

后记 人从哪里来,要到哪里去 / 179

第一章

不断探索的"我"

> 就如同无法理解他人一样,我们并不能弄懂人生的全部。

自己的价值岂能由他人来决定

我小时候,祖父经常说:"你是一个聪明孩子。"听到祖父这么说我肯定会很高兴,但这话对我的人生产生了不小的影响。

"你是一个聪明孩子"中的"聪明孩子"是一种"属性"。

属性就是事物或人所具有的特征/性质。"那花很美丽"中的"美丽"就是属性(属于花的性质)。如果是说人,姿容或学历等就是属性。

精神科医生莱因用"属性化"或"属性赋予"这样的词语来说明人对自己或世界的理解或解释。

"你是一个聪明孩子"是祖父赋予我的属性,也就是赋予了我"聪明孩子"这一属性。倘若仅仅是这样的话

第一章
不断探索的"我"

倒也没有问题,但莱因医生却说这种属性会"限定并将人置于某种特定处境之中"。这又是什么意思呢?

即便是同样的花,也会有人认为漂亮,而有人认为不漂亮。同理,关于人的属性赋予也会因人而异。

如果我自己也能认同祖父对我的属性赋予,或许我会很高兴。但是,那时候,我也许并不理解祖父所赋予我的"聪明"这一属性的意义。

属性赋予出现问题往往是在他人赋予自己的属性与自己赋予自己的属性不一致的时候。不仅仅是不一致,有时还会出现让人无法接受的情况。

倘若单单是属性赋予不一致,自己无法接受他人对自己的属性赋予,那倒也还好,关键是还可能出现更大的问题。

一般说来,A 对 B 的属性赋予和 B 对自己的属性赋予既可能一致也可能不一致。在不一致的情况下,如果 B 是孩子,多数时候,孩子很难去否定大人(父母)对自己的属性赋予。这种情况下,属性赋予事实上就等于是命令。

祖父在赋予我"聪明孩子"这一属性的时候,其意思就是在命令说"要做一个聪明孩子"。实际上，祖父在"你是一个聪明孩子"这句话之后接着又说"长大后要上东京大学"。我则认为自己必须满足祖父的这一期待。可是，听到祖父这样的话是在我上幼儿园的时候，可能那时谁都无法判断还从未拿到过成绩单的我实际上是否聪明。

不过，升入小学之后，在临放暑假的学期末结课仪式那天，第一次拿到成绩单的我瞬间明白了自己并没有原来认为的那么擅长学习。那时与现在不同，成绩分为5级，而我的算术成绩是5级中的"3"。那时的我并不明白东京大学具体意味着什么，仅仅就是理解为如果上了东京大学，似乎就会获得大人的赞赏。从学校到家，当时还是孩子的我需要步行大约30分钟，而在到家之前的那段时间里，我好几次将成绩单从双肩背包里取出来查看，每看一次就会叹息着想："完了！这下上不了东京大学了！"

阿德勒说："一旦努力想要获得认可，精神就会变得紧张起来。"

成人倘若想要获得他人的认可，就会很紧张。孩子也是一样。希望获得认可的孩子和渴望被爱的孩子往往会去顺从外界以属性赋予的形式下达给他们的命令，试图为了满足父母或周围的大人的期待而活。

第一章
不断探索的"我"

"这种紧张有助于人将获得力量与优越性作为目标,并付诸行动去靠近那一目标。那样的人生往往会期待获得巨大胜利。"

孩子也许会拼命学习,但其目标是获得力量与优越性。学习本身并没有问题。但是,如果那是以获得力量并进一步期待取得"巨大胜利"为目的,就有问题了。所谓胜利,往往是指在与他人竞争中的胜利。竞争对象首先是兄弟姐妹。一旦进入学校,竞争对象就是同学,面临考试时就是其他考生。孩子必须通过竞争获得胜利。如果能够取得好成绩,父母或许就会很高兴。

阿德勒说:"今天的家庭教育无疑会过度催生孩子对力量的追求,并加剧他们的虚荣心。"

渴望获得他人认可就是一种虚荣心。阿德勒说:"在虚荣心中能看到那条向上的线。""那条向上的线"就是"追求优越性"。即便努力使自己更加优秀这件事本身并没有问题,可教育一旦加剧虚荣心的发展,也会出问题。

阿德勒说过,倘若能够如父母期待的那般优秀,即使非常幼小的孩子也会表现出骄傲自大之类的倾向。这样的孩子长大后可能会在职场上用权力去压制他人。因为,他们往往会认为自己是优秀而有力量的人。

问题在于无法取得"胜利"的时候。没有满足父母期待的孩子往往会被父母忽视。知道算术成绩是"3"之后便想到"完了！这下上不了东京大学了"，这并不是认为自己将来无法取得成功，而是担心不能满足大人的期待。

与我不同，有的孩子会勇敢反抗父母或其他大人事实上是命令的属性赋予，这样的孩子往往心理更健康。如果是积极型的孩子，或许会公然反抗父母。但是，阿德勒指出，如果不是积极型的孩子，一般无法违抗父母的命令，继而就会"退出不再喜欢自己的世界，选择一种独自孤立的生活"。即便不那么做，认为无法满足父母或大人期待的孩子也会觉得自己没有价值。

可是，会学习或者聪明只是人的一种属性而已。一个人的价值并不会因为其不具有那种属性而有所降低。

父母一开始便不应该对孩子进行属性赋予。在孩子小的时候，或许所有父母都能够仅仅因为孩子活着就发自内心地高兴。可是，父母慢慢就会对孩子抱有一定的期待，希望其成长为自己理想中的孩子。

觉得孩子语言发育比较早的父母往往会赋予孩子"聪明"这一属性。对可爱的孩子，父母则会赋予其"可爱"这一属性。也许孩子的确有那样的一面，但父母的理想常常会逐渐脱离现实。

孩子也许会为了满足父母的期待而拼命学习，可一旦父母对孩子的期待不断提升，即使孩子取得了一些成绩，父母也无法满足。父母对孩子的期待不断提升，就会用那种将理想做减法的形式去看待现实中的孩子。孩子一旦背离父母的理想，父母就会训斥孩子，即便不训斥孩子，父母自己也会变得非常焦虑。

怎样才能改变这种现状呢？

首先，孩子并不是必须为了满足父母的期待而活，所以，即便父母愤怒、失望，孩子也可以不理会。

即使无法取得父母期待的好成绩，那样的孩子也不会比能够取得好成绩的孩子价值低。

父母的属性赋予多数情况下都依照世俗价值观，但那种价值观未必就正确。只不过很多人都认为去名牌大学读书、进知名企业工作就代表着一个人优秀而已。

其次，父母可以停止对孩子进行属性赋予。父母的属性赋予只不过是父母对孩子的评价而已。祖父给我的"你是一个聪明孩子"这种属性赋予只不过是祖父本人对我的评价。评价与人的价值或本质并没有关系。而且很多时候，那种评价往往是错的。因为父母常常想要将自己的理想赋予孩子身上，所以就看不到现实中的孩子。

依靠属性赋予、属性化根本无法真正理解人，这一点我们也必须明白。"理解"在法语中是 comprendre。这个词是"包含"或者"涵盖"的意思，但人和世界都无法通过属性赋予去加以涵盖，也势必会有无法涵盖之处。

因此，当包括父母在内的他人试图对自己进行片面或者任意评价时，我们完全不必去迎合他们。虽然他人往往试图用属性来评价我们，但即便是没有得到正确评价，那也只是说我们可能不具有评价者所期待的属性而已。

倘若父母认为自己无法完全理解孩子，那恰恰说明他们正确理解了孩子。

由虚假联系转向真实联系

莱因医生用下面这个例子来说明属性赋予。

男孩子跑出学校去找母亲。

第一章
不断探索的"我"

（1）他奔向母亲并紧紧抱住她。母亲反抱住他问："你爱妈妈吗？"

然后，他再一次紧紧抱住母亲。

（2）他跑出学校。母亲张开双臂试图拥抱他，但他却稍稍走远一些，站在那里。

"你不爱妈妈吗？"

"嗯。"

"是吗，好吧，咱们回家吧！"

（3）他跑出学校。母亲张开双臂试图拥抱他，但他却没有靠近母亲。她问："你不爱妈妈吗？"

"嗯。"

母亲拍了他一巴掌说："别说大话啦！"

（4）他跑出学校。母亲张开双臂试图拥抱他，但他却稍稍走远了，不肯靠近。

"你不爱妈妈吗？"

"嗯。"

"可是,妈妈知道你是爱妈妈的呀!"

然后,母亲紧紧抱住他。

如果与例子(1)那种情况一样,母亲和孩子的属性赋予相一致,那或许也没有问题,但实际上很多时候并不一致。即使母亲认为孩子爱自己,但孩子却未必如此。

对于问"你不爱我吗"的妈妈,孩子回答"嗯"。此时,或许很少有父母能够像例子(2)中的母亲那样坦然接受并说"是吗,好吧"。可是,因为是亲子之间,所以父母能够如此坦然接受,并认为这似乎是个例,但在成人的人际关系中,对自己的想法无法被人接纳却还抱乐观态度的情况并不少见。

在例子(3)中,对于说不喜欢母亲的孩子,母亲拍了他一巴掌并说"别说大话啦"。这乍一看似乎有些反应过度,但比起例子(2)中母亲的模棱两可的态度,在明确表明自己的想法这一点上,也可以说是有值得提倡之处。例子(2)中的母亲态度很不明确,她是会放纵孩子,还是会惩罚孩子,或者是假装不在乎,根本看不出来。孩子还需要再花些时间才能够弄清楚母亲将他置于什么立场,也就是赋予什么样的属性。不管怎么说,例子(2)

中的母亲以及拍了孩子一巴掌的例子（3）中的母亲都是将孩子作为与母亲相互独立的存在来对待，两位母亲的反应虽然有所不同，但孩子都可以从中得知自己能够对母亲产生影响。

颇有意思的是例子（4）。对此，莱因医生做了如下说明。

"在例子（4）中，母亲根本不听孩子的感受，通过将孩子的表达无效化来对其进行回击。这种类型的属性赋予往往会将当事人实际体会到的感情非现实化。在这样的方式之下，'真实联系'被隐藏起来，'虚假联系'则被制造出来。"

这类父母往往会按照自己的意志去解释孩子所说的不喜欢父母之类的话，并试图将孩子想要脱离父母这一事实无效化。

即便事实上孩子并不想脱离父母，父母与孩子本质上也是相互分离的个体。可是，有的父母却往往想要通过对孩子进行属性赋予来制造出"虚假联系"，并试图据此消除两者之间的隔阂。

例子（4）中的母亲就是想要将孩子所说的不喜欢母亲加以无效化。被母亲理解为"你实际上爱我"的孩子无法顺利成为他者，即便那是母亲的观念。在母亲看来，母亲的世界并不存在他者。或者，母亲会制造出一个只有虚构的他者存在的世界。

在这种情况下，说"我知道你实际上很爱我"的母亲所加给孩子的属性赋予事实上等同于"你要爱我"之类的命令。无法正视孩子不爱自己这一现实的母亲往往会忍不住对孩子进行这样的属性赋予。因为，孩子不爱自己这样的事实会挫伤母亲的自尊心，动摇母亲的优越感。但是，孩子并非"物品"，他们拥有自己的想法。因此，不管父母怎么解释，都无法支配孩子。

并且，如前所述，属性赋予之所以无效，是因为人或世界远远超出"理解"。就刚才的例子来讲，孩子未必就一定会爱父母。可是，父母即便看到了自己不被孩子喜爱这一事实，往往也会按照自己的意愿将其属性化。

可是，即使对不如自己所愿者进行属性赋予，很多情况下也会与现实相脱离。不被孩子喜爱的母亲即便认为"我知道你实际上很爱我"，孩子也只会为此感到困惑。被那么说的孩子也并不会认为父母明白自己的一切。他们反而会非常吃惊，并反击式地说"那不可能"。可如果是被娇惯的孩子，虽然也会那般反击，但实际上却有可能认为自己就像父母所说的那样爱父母。

孩子应该抵制来自父母的属性赋予。属性赋予就是事实上的命令，所以不能屈从于那种命令。因为，孩子并不是为了满足父母期待而活。

前面是以亲子关系为例进行思考的，但上述道理适用于所有人际关系。人与人之间的联系、秩序等不应该被自上而下式地进行属性赋予。过度强调一致性、很难提出不同意见的共同体所需要的是莱因医生所讲的"真实联系"，而非"虚假联系"。

三木清在《不可言说的哲学》中引用了耶稣的一段话：

"不要以为我是为了播撒和平而来到这个世上！我所带来的不是和平，而是刀剑！我来到这个世上是为了引导儿子脱离父亲，女儿脱离母亲，媳妇脱离婆婆！"

这是引自《马太福音》的一段话。来到这个世上不是为了播撒"和平"，而是为了带来"刀剑"，为了分离开亲子、婆媳，这是何其激烈的话语！

孩子如果毫不质疑地顺从父母，虽然亲子关系好像没有任何问题，但因为双方顾虑对方对自己的看法而无法说出应该说的话，就称不上是真实的联系。

相反，倘若孩子能够率直地讲出自己的想法而不是小心翼翼地去揣摩父母的心情，虽然亲子关系或许会出现不融洽之处，但这是真实的联系。这就是耶稣所说的带来"刀剑"，"分离"父母和孩子之间联系的意思。

即便是表面上的关系良好，但为了双方之间的联系能够发展为真实的联系，也必须经历这样一个过程。

不过，人们也并不是必须要向关系中投以"刀剑"。孩子需要意识到父母隐藏在爱之名义下的支配，但这并不意味着亲子之间就一定要发生激烈的冲突。

儿子上小学的时候曾经到祖父家里去住。出发的时候，儿子嘟囔道："这下我就可以离开妈妈了！"

对于孩子脱离父母这件事，父母如果能够坦然接受，那就不需要"刀剑"的介入了。

不近亦不远

哲学家森有正的作家朋友辻邦生记录了森有正搬离居住了七年之久的公寓时的情景。

第一章
不断探索的"我"

在即将搬离的家中,森有正一动不动地坐在窗边。

"他脑海里似乎只有要来巴黎的女儿,好像是在想着女儿现在正飞到了哪里。"

女儿一来到独自在巴黎生活的森有正的身边,森有正的生活便展现了"新的一面","极度混乱的生活"开始安定了下来。

从森有正搬家那天的情景我们就可以知道,森有正非常宠爱女儿,但谈起女儿时他却这么说:"我必须注意,不能让女儿太爱我。她必须自己寻找自己的路。我绝不能用自己的思想去影响她。"

森有正说自己和女儿之间的爱之羁绊已经太深了。所以,他要努力做个"总是静静存在的父亲",并尽力不去超出那个边界。

"我必须成为一个坚强的人,即便面临死亡也不会渴求女儿陪在自己身边。一定要认为女儿的存在本身就是我的喜悦和慰藉。"

森有正说"不能让女儿太爱我",但实际上,那是在告诫自己不能太爱女儿。

这并不是说父母不可以爱孩子。但是,孩子必须尽快从父母那里独立出去。父母也必须从孩子那里独立出去。森有正所说的"必须自己寻找自己的路"就是这个道理。可是,并不是只要不太过宠爱就可以了,父母还需要注意爱的方式。

很多父母无法满足于"总是静静存在",明明并未收到孩子的求助,却还是擅自插手和干涉孩子的课题,并坚信那是为孩子好。父母在对孩子说教时总是会老生常谈地说:"这都是为了你好。"

孩子如果毫不质疑父母的话并听从父母的安排,虽然亲子关系看上去似乎会很好,但是,蜜月不会一直持续。森有正说:"成为女儿的好朋友?想想都觉得害怕。"

可能很少有父母会这样想。父母或许更希望自己被孩子爱慕。

但当孩子反抗或反叛父母的时候,父母又会怎么想呢?

三木清写道:"倔强的孩子在试图一意孤行的时候,常常会受到温柔慈母的规劝并被教导说那是不好的事情,继而当其自己醒悟的时候往往会瞬间哭倒在母亲膝下。我

第一章
不断探索的"我"

必须抱着这种孩子般纯真质朴的心,满含热泪地将我高傲的心安放于宽厚的大地之上。那时,我心中的倔强也许就会像聚集在地平线上的积雨云随骤雨消散般慢慢褪去。"

三木清在这里写的是自己的心情,而其中所描绘的试图一意孤行的孩子只是三木清和众多父母的理想而已。

我并不是在认同孩子的任性。孩子必须能够自己认识到不可一意孤行,或许他们迟早会认识到这一点。可是,会有那种被父母教导说那是不好的事情便幡然悔悟并哭倒在母亲膝下的孩子吗?

在很多情况下,亲子关系往往都太过亲密。而当孩子意识到父母隐藏在爱之名义下的支配后,常常会极力摆脱父母的支配。由此,亲子关系便会发生变化。

怎样才能恰当地调整父母与孩子之间的距离呢?

首先,父母不要擅自干涉必须由孩子自己负责的事情。在父母看来,知识和经验都不足的孩子似乎令人放心不下。孩子或许也会遭遇重大挫折。即便如此,倘若父母拿不出静静守候的勇气,孩子就不会为自己的人生负责。

只要顺从父母的安排,失败之时便能将责任转嫁给父母,对这一点心知肚明的孩子即使意识到父母对自己的支配，也不想从父母那里独立出来。

倘若因为心疼孩子便忍不住干预，孩子就有可能认为自己无法凭自己的力量走出困境。但父母也并不是因此就不可以去帮助孩子。父母需要先告诉孩子"如果有什么我能做的，请尽管说出来"。然后，如果孩子向自己求助，就可以做一些自己能做的事情去帮助孩子。

之所以这么写，是因为在生活中既有那种明明是自己的课题却转嫁于人的人，也有一些不会向人求助的人。谁都不可能总是靠自己的力量做事。必要的时候也可以向他人求助，并且有些时候也应该那么做。

其次，摘掉亲子面具。面具在拉丁语中叫作"persona"，是英语 person（人）的词源。倘若父母和孩子各自摘掉面具，互相作为平等的人去相处，或许父母就不会说"我是为你着想"，孩子也不会认为那就是父母的爱了。

关于个性

三木清说："通向个性这一幽深殿堂的路就像忒拜城的大门一样多。"

第一章
不断探索的"我"

属性只是一种普遍性。即使自己不具有他人所期待的属性，也并不代表自己没有价值。即便在入职考试中屡屡落选，那也只不过说明自己不具有淘汰掉自己的公司所要求的属性而已。

那种属性都是诸如会熟练使用英语之类的属性，是具有普遍性的属性。如果能够在实际考试中取得高分，自己就有可能被录用，但这种认为自己有价值的属性并不能代表独一无二的自己。即便不是自己也可以，任何一个符合条件的人都可以。

不仅仅是入职考试。渴望获得他人认可的人往往也会试图去迎合他人认为好的属性。希望与高学历、高收入者结婚的人想要选的是对方的属性而非本质。

属性具有普遍性，与独一无二的某个人没有关系。试图通过属性录用员工的公司并不是在选"人"，而是在选"人才"和"persona"（面具）。也就是说，这并无异于挑选可以替代的"物品"。穿着求职套装找工作的年轻人全都是一个个独一无二的存在。他们恐怕都希望自己身上独特的"个性"被人看见。

仅仅试图通过属性去判断和理解他人的人并不知道真正意义上的理解，也常常会忽略一些东西。

那么，怎样才能了解一个人的个性呢？我们必须列举出那个人具有的所有属性，可这是无法做到的。或者，难以超越 A 是 A 这样的等价命题方式，只能说"你就是你"。可如此一来，记述某个人的个性也就成了一件不可能的事情。

主张万物流变的克拉底鲁什么都不说，只是挥动手指。因为无法用语言说明，所以便只是沉默地指着什么。

三木清则说："如此一来，个性和理解个性便在不可言说之处，而恰恰是在不可言说之处才能够洞察其深刻本质。"

但是，因为不可言说便不去言说，这或许会比属性赋予更容易将大家对人或事物的理解引向错误的方向。

《白痴》中的梅什金公爵仅仅看了娜斯塔霞的照片便说："这张脸透着太多的烦恼。"梅什金看到的也许是一种"幻象"，但其语气却非常肯定。并且，当初次见到的娜斯塔霞突然傲慢地嘲笑爱慕她的男子时，梅什金严厉地劝诫道："哎呀，你也这么不知羞耻吗？！还是你原本就如此？！不，不会是那样！"

因为无法用一句"不会是那样"来讲清楚，所以便只好默默地指着什么。

第一章
不断探索的"我"

后一种情况便是梅什金观察了娜斯塔霞的行为之后，经过推论对娜斯塔霞的人格做出了判断。可是，前一种情况则只不过是梅什金看到照片之后根据自己之前所接触到的人进行的一种类推，也就是由照片联想到非常相似的人，并想象着照片上的人与自己想到的人的人格非常相似。

森有正在自己的著作中描写了自己初次对女性感到有一种类似于乡愁的情感、向往以及微微的欲望的时候的事情。实际上，森有正并未和自己向往的女性说过一句话。"还没有和她说过一句话，夏天便结束了，她也离开了。"而森有正却说那时感觉她似乎明白自己的相思。并且，这种恋情"完全是在没有与对象直接接触的情况下主观建构的一种理想情景"。意思就是说，那是在不对对方抱有任何顾虑与企图的情况下形成的一种"爱的原型"。这一点，森有正也很明白，他说"那已经不是她，而只是我的原型"。在某种意义上来讲，森有正从未与她说过一句话，这也许是一种幸运。因为，惟其如此，她才能够作为一种"原型"永远活在森有正的心中。

可是，我们与他人的交往却不止于此。实际与"这个人"对话的时刻终会到来，那时我们才会发现那个人与自己之前想象的完全不同。那时，我们便会明白之前仅仅是自己将对他人所持有的印象套在了那个人身上而已。如果拿之前使用过的话来讲，那就是接触到了那个人属性化之外的个性。

但是，是否仅仅交谈上三两句便能了解一个人？那也很难说。即使我们与在一起很长时间的人交谈过很多次了，但那或许也不能说我们就真的了解那个人。或许也有些时候，明明在一起很长时间了，但我们并不太了解那个人。又或者正因为在一起时间长了，彼此离得太近，反而看不清楚对方。

像这样，不进行实际交谈，仅仅去想象一个人，根本无法准确认识对方。我们只不过是将自己对那个人的想象随意套在对方身上而已。当然，不得不说那种想象很可能从一开始便是错的。

那么，为什么会这样呢？因为，当人们在对他人进行想象或者加以属性化的时候，必须验证其正确性。而人们却往往认为即使不经过验证阶段也可以正确理解他人。在很多情况下，人们甚至都不会质疑也许自己并不能理解他人。

并不是属性化本身有问题。无论是关于人还是关于事物，不进行 A 是 F 的属性化就无法对其加以认识。关键在于那种属性 F 是否与 A 相符，我们必须对其正确性不断进行验证。

因此，仅仅通过形式性的交谈根本无法认识一个人。即便再怎么交谈，如果我们不能摈弃对对方的成见，认识到对方具有超出自己理解的方面，他人就不会是超出我们观念的存在，我们也就无法真正了解他人的个性。

理解他者

父母往往想要支配孩子。可实际上，那是不可能做到的事情，这一点稍稍跟年幼的孩子一起生活一下就能明白。认为如果在行动上无法支配孩子，那至少也得在观念上去支配孩子的父母常常会对孩子进行一些有利于自己的属性赋予。

但是，即便是亲子，他者势必也会超出了自己的理解。因此，可以说，理解他者，就要认识到他者超出了自己的理解。至少，认识到这一点是了解他者的出发点。

对父母来说，孩子就是超出自己理解的存在，是"他者"。可是，实际上，很多父母并不将孩子视为他者，他们往往还会说作为父母的自己最了解孩子。

被母亲说"你实际上很喜欢我"的孩子并不是与母亲相分离的独立存在,而只是母亲的"观念"。在这种对孩子进行属性赋予的母亲的世界里,他者并不存在。有时候,与母亲对话,恍然间会觉得眼前这个人口中所说的"我"似乎并不是她自己。的确,仔细一听才发现,母亲所说的确不是她自己,而是在以"我"为主语谈论着孩子的人。

对于这样的父母来说,孩子岂止是不会超出自己的理解,简直就是与他们浑然一体。他们或许根本不会想到自己并不懂孩子的心思。因为,在这样的父母心中,孩子并不是他者,而是他们自身。

站在孩子的角度看,即便是采取一种讨母亲打的逆反态度,也必须让其明白孩子对父母来说是他者。孩子绝不会挨了打就会听父母的话,父母必须认识到孩子是超出自己理解、不会任由自己控制的存在。作为他者的他者活着,成为对他者来说有意义的存在,以及能够影响他者的存在,如此孩子才能够确立"自我"。

可是,认识不到孩子是他者的父母往往无法接受孩子想要从自己这里分离出去的事实,继而对孩子加以属性化,强调孩子其实很喜欢自己,试图让孩子活在自己的观念中。

倘若孩子接受父母的属性化,就说明孩子放弃了作为与父母相分离的独立存在去生活的念头,父母与孩子之间就会产生一种虚假联系。

但是,不管父母怎么想,孩子都已经不会再继续留在父母身边。孩子开始作为他者(父母)的他者而活,这对孩子来说也是最好的选择。对父母来讲,通过认可孩子是他者可以从孩子那里获得自立,在父母的"自我"得以确立这个意义上也是件好事。

孩子在听到父母说"我是你的父母,所以,我最了解你"之类的话时,会不会感到高兴并觉得父母非常理解自己呢?

其中,也许有的孩子会对此丝毫不加质疑,甚至会主动迎合父母的期待。在这种情况下,帮助孩子摆脱父母的束缚是很有必要的。

我在心理咨询中接触过很多受父母束缚的年轻人,为此,我必须对这些年轻人说"讲那种话的父母其实并不了解你"。

这并不是在劝孩子去反叛、反抗父母。我们必须告诉孩子：即便是父母说的话也不必无条件赞同，有时也可以反驳。因为，父母对孩子的看法、属性化并不是绝对真理，孩子没有必要在父母对自己提出不恰当要求时还硬要去迎合。孩子并没有必要去接受父母对自己的属性化。

倘若遇到那种情况，孩子最好还是不要去听父母的话。

阿德勒经常引用这样一个传说：强盗普洛克路斯忒斯让抓来的旅客躺在床上。如果被抓旅客的身体比床短，便强拉其头和脚使之与床等长；如果被抓旅客的身体比床长，则将旅客伸出来的腿脚切断。

如果结合这个故事来讲，所谓理解，便是将人拉长或切断以使其符合自己的床的长度。这样可能的确"符合"理解，但这种做法仅仅只是让对象符合自己的期待，或许并不是真正的理解。理解并不是要让对象符合床的长度，而是要摈弃这种念头，必须认可对象的真实状态。

为了摆脱属性化，我们需要像前面讲到的那样进行交流。依靠属性，我们只能去了解一般化的个体。如果进行深入交流，我们眼前的这个人才会成为一个独一无二的个体。

第一章
不断探索的"我"

此外,摆脱属性化还需要共鸣。山本七平引述了这样一个故事:有人可怜寒冷冬夜中的小鸡而给其喂食热水,结果却将小鸡害死。山本是用这个例子来说明"感情移入",并将其解释为"对象与自己以及第三者之间毫无区别的状态"。

阿德勒说看到擦窗户的人差点儿失足跌落,自己或许也会产生与之相同的感觉。在听人讲话的时候,倘若我们不将自己置于对方立场上,就无法对其进行理解。

此外,阿德勒还说,当在很多听众面前演说的人突然语塞讲不下去的时候,正在听的人或许会感到一种与演说者相似的尴尬。

可以说这种时候"感情移入"对象与自己之间的区别就消失了。在理解他人的话时有必要这么做。但是,阿德勒引述这些故事是为了说明共鸣或同等对待。也就是说,倘若按照自己的想法去看对方,势必会出错。所以,在看对方的时候最好先放下自己的想法。只要从自己的视角去看,就无法真正理解对方。

可是,在山本举出的例子中,并没有为了理解人而将自己置身于对方的立场,反而是将自己的想法叠加到了对方身上。也就是,因为自己这么想,便认为对方也一定这么想。这种自以为是的人根本不愿去认可不同于自己的感受方式与思维方式；或者，他们原本就不会想到还有与自己不同的感受方式与思维方式。

为何活着很辛苦

韩国作家金衍洙说："我很怀疑人能真正理解他者。"（《世界的尽头，我的女友》）

甚至可以说，当认为懂得他人心情的时候，其实是在误解。很多父母会说作为父母的自己最了解孩子。但是，经常有人会认为倘若父母真了解自己的孩子，孩子或许就不会出问题了。那些认为虽然孩子出生以来便一直与自己生活在一起，但自己可能根本不了解孩子的父母，也许更能理解孩子。

我们也许原本就无法理解他人，可是也不必因此便认为人与人之间根本无法相互理解。

金衍洙说："我感到希望的存在，恰恰是在发现人的这种局限之时。"

第一章
不断探索的"我"

即使有局限,依然有希望。在意识不到局限存在的时候,反而不会想要深入了解对方。倘若认识到无法完全理解对方这一局限性的存在,比起放弃去了解对方,或许反而会更想要去了解对方。

"只要我们不付出努力,就无法相互理解。这个世界上有爱存在。"(《世界的尽头,我的女友》)

想要理解,并试图去理解对方,这就是爱。并不是只要待在一起爱就会在两个人之间萌生。爱的萌生需要努力相互理解。这并非易事,但试图更加了解对方所付出的努力本身就是一种喜悦。

"并且,为他者而努力,这一行为本身就会让我们的人生具有价值。"(《世界的尽头,我的女友》)

这里所说的意思并不是努力为他者做什么,而是要努力去理解他者。我们并不是只有自己一个人活在这个世界上。努力去理解与自己共生的他者,会让我们的人生具有价值。

进一步讲,即使无法理解他者也没有关系。有的人会说"倘若不能理解他者,就无法去爱自己无法理解的人",持这种观点的人并不是想要去爱那个人,而仅仅是想要去支配对方。接受真实的对方,也包括对方身上自己无法理解的地方，这才是真正爱一个人。

有人往往想要和与自己同类型的人谈恋爱。持这种想法的人可能认为，与自己同类型的人在一起，会很容易明白对方的想法与感受，并且，如果思维方式与感受方式相似，就容易理解对方，矛盾或许就会减少。

可是，如果与和自己迥然不同的人一起生活，虽然有时候也许会因对方的想法而感到吃惊，但自己的人生却会因此而得到扩展。的确，倘若语言或赖以成长的文化环境不同，一些对自己来说理所当然的事情在对方那里就未必如此。于是，有时便会产生矛盾与冲突。不过，为了避免这种冲突，并不一定要让一方必须去迎合另一方。在理解到双方的思维或感受方式有所差异的基础上，只要我们努力去理解，这就足够了。

有一对语言和文化背景都完全不同的大龄男女结婚了。虽然语言不通，但那并没有妨碍两个人和睦相处。当两个人之间有较大问题产生的时候，就会有能够理解两个人语言的朋友介入调解。

金衍洙所说的话并不仅仅是关于他者的。人生也是一样，没有人知道人生究竟是什么。如同无法理解他者一样，我们也并不能完全明白人生。

为什么活着很辛苦呢？为什么明明知道终有一天会死但还必须努力活着呢？这样的问题很难轻易得出答案。即便如此，努力去探寻这些问题的答案还是很有意义的。在努力探知人生究竟是什么之前，最好我们还是不要轻易判定人生如何。金衍洙说："关键在于，不轻易满足，也不轻易失望。"

接受周围人的援助

很多人老了之后因为不愿给家人添麻烦而不想卧病在床。虽然在日本尚不被认可，但也还是有人希望能够接受安乐死。有的人之所以希望接受安乐死，既不是出于信仰方面，也不是因为无法忍受持续不断的剧痛，而是因为不想给他人添麻烦，这实在令人心疼。

"麻烦"这个词并不恰当。人活在世上，自出生到死亡，不可能不接受任何人的援助。也许人生的某个时期，自己会是为别人提供帮助的一方，但并不会一直如此。即便是年轻人，一旦生病了，也需要他人的援助。

就连自己能做到且必须由自己去做的事情也要依赖他

人而不自己做，这确实有问题，但适当接受他人的帮助也是一件愉快的事情。当一个人想要站起来的时候，我们及时伸手去拉一把，并不会因此便剥夺了那个人的自立精神。得到帮助的人会感谢伸手拉了自己一把的人，但并不会就此变得不愿自己站起来。

接受了冠状动脉搭桥手术之后，很长一段时间我都必须在胸前绑着绷带。虽说是出院了，但身体还是非常虚弱。所以，在电车中站着会很吃力。可是，请别人让座又担心人家会觉得自己很奇怪，因此便说不出请人为自己让座之类的话。

不过，倘若有人希望我为其让座，我或许并不会询问对方理由便直接把座位让出去，也不会产生诸如"明明看着很精神，为什么却提出那种要求"之类的想法。

我之所以担心跟人说为自己让座会被人认为很奇怪，是因为无法信任他人。实际上，让出座位的人或许还会为自己能够那么做而感到高兴。

手术后，在ICU（重症监护室）的那段时间，由于我无法自己吃饭，所以得请护士喂饭。那时我便想，虽然小时候的事情几乎什么都记不起来了，但肯定每顿饭都得请父母像护士现在做的一样喂自己。

虽然我对照顾自己吃饭的这位护士说了"谢谢",但倘若那时我失去了意识,也就无法对照顾自己的护士讲任何感谢之言。即便那样,护士恐怕也并不会因此就丧失工作积极性吧。

我在给护理专业的学生讲授哲学或心理学的时候,曾经问过大家为什么想要当护士。我想知道明明有很多其他工作,大家为什么想要从事护佑生命的工作。

于是,有学生回答:"因为想要听到患者或家属在出院的时候跟自己说'谢谢'。"出于那种想法成为护士的人到医院上班后被分配到 ICU 或手术室时又会发生什么呢?在那样的地方,很多患者并没有意识,因此无法对照顾他们的护士说"谢谢"。因此,我经常听到来进行心理咨询的人跟我说无法体会到工作的价值。

在父亲患认知症之后,我曾听来家里走访的一位护士说,即使患者家属会感谢自己,也无法讨患者本人喜欢,有时甚至还会听到一些难听的话。但那位护士说,即便如此,当自己脱下制服后便不再是护士了,所以能够忍受患者的不理解。意思就是说,即便被患者说一些难听的话,一想到这是工作便看开了。那么,护理患者的家人又会怎样呢?家人没有制服,无法界定今天的护理到几点钟结束。

换句话说，家人即使不断地照顾患者，也可以有完全不考虑父母之类患者的时间。我在照顾父亲的时候，就曾请人帮忙照顾一小会儿，自己离开家去咖啡馆喝杯咖啡。我并不是说照顾病人很辛苦或者很痛苦，但小憩时间也是必要的。

在进行心理咨询的时候，我一直注意不让咨询者对自己说"谢谢"。也就是说，不可以让患者对自己说"多亏了老师"之类的话。心理咨询师只是帮助咨询者依靠其自己的力量去解决课题。心理咨询结束之后，咨询者最好是连接受过咨询这件事都忘掉。心理咨询师也和护士一样，并不属于那些希望获得他人感谢的那类人。

在接受冠状动脉搭桥手术的时候，虽然我想尽量保持意识，但在进入手术室之后不久，刚一听到医生说"确保动脉线"便失去了意识。所以，我完全不记得手术时候的事情。当我再次恢复意识是在手术时被插入气管的管子拔出来的时候。

从患者的立场来讲，仅仅是没有办法说"谢谢"，如果能做到的话，还是很想说的。由于手术时受到了很多人的照顾，所以想要说"谢谢"。于是，当我能走动之后便去拜访了手术室的医护人员。即便无法用语言说"谢谢"，患者心里应该还是非常感谢的。

第一章
不断探索的"我"

虽然这么说,即便得不到他人的感激,也要因自己做的事情而充满贡献感。护理患者是这样,育儿也是如此。孩子往往不会说"谢谢",但人们恐怕也不会因此便不愿意去育儿吧。虽然很多时候非常辛苦,但如果能感到自己对孩子有用,就不会想要获得孩子的感谢了。

话说回来,当身体因为高龄或生病而行动不便的时候,也不必认为自己总会给人添麻烦。虽然不可以认为他人照顾自己是理所当然的,但受到他人照顾的时候也应该真诚地说一句"谢谢"。

如果是那种即使身体很虚弱也不会因此便认为自己不幸,每天都充满生存喜悦的人,或许大家也愿意与之一起生活,倘若需要的话,也不会不愿对其进行照顾和护理。但是,如果有人整天哭诉自己的不幸,恐怕大家就不愿与之生活在一起了。

有人一生病便会不自觉地向周围人哭诉自己的不幸,并试图以此来获得他人关注。

不会康复的病当然也有一些,但多数疾病都会慢慢好起来,症状也会随之消失。而有些认为可以靠生病来博得他人关注的人往往忍受不了这一点。因为,一旦好起来,他们就不会再像生病时那么受关注了。于是就有人虽然病情恢复了，但却会因不再那么受关注而闷闷不乐。

没有人会对生病的人置之不理。无法明白这一点的人不仅会因生病本身而难受，他自己也会自找不痛快。阿德勒使用了"放大症状"这一说法。倘若得不到自己所期望的关注，那就会即使在医学上已经逐渐康复了，但症状有时还会出现。

人一旦生病，不仅仅是身体，心灵也会变脆弱。如果能得到家人的体贴与照顾，那往往会让我们觉得非常温馨。有一次，我孙子说自己脚痛，我问他"你希望大家怎么做呢"，结果他稍显羞怯地回答："希望大家关心我。"

阿德勒说，即便人在生病时也不可以令其丧失自立精神。人生病的时候会变得比较依赖。阿德勒曾讲过的一位少年总是做出一些问题行为，为此少年的父亲甚至想到将其送去特殊机构。可当其生病住院时，看到父母和其他家人都来照顾和看望自己，他一下子就明白了，自己是被爱着的。出院后，这位少年变成了令人吃惊的好孩子。

家人会用心照顾生病的孩子或父母，但那并不是因为孩子或父母生病了，而是出于至臻的亲情。

第一章
不断探索的"我"

人群中的孤独

关于孤独本身与孤独的条件之间的区别,三木清这么说:"人之所以害怕孤独,不是因为孤独本身,而是源于孤独的条件。这与害怕死亡不是因为死亡本身而是因为死亡的条件道理一样。"

三木清接着又说:"孤独并不是独居。独居只不过是孤独的一个条件,并且是其外部条件。"(《人生论笔记》)

并不是因为一个人待着或独居,就一定会时刻感到孤独。一个人待着对谁来说都不是导致其害怕孤独的理由。

不仅如此,三木清甚至说孤独恰恰存在于人群之中:"孤独不在山上,而在街上。不在一个人那里,而在人群之中。"(《人生论笔记》)

"孤独不在山上,而在街上"这句话中的"山"是指一个人独自待着的状态,"街"则是指身处人群之中的状态。

或许有人会认为在人群之中并不会感到孤独，但应该也会有很多人能够对三木清的这句"孤独不在山上，而在街上"产生共鸣。

为什么孤独会存在于人群之中呢？要弄明白这一点，我们必须认真做如下思考。

首先，倘若只有自己独自一个人生活在这个世界上，人也就不会感到孤独了。因为有他者存在，所以，与他者相联系便会成为人的基本欲求。于是，一旦脱离了与他者之间的联系，人就会感到孤独。

其次，虽然上面写到与他者相联系是人的基本欲求，但如何与他者相联系，这会关系到人是否感到孤独。

有的人经常位于大家关注的中心。倘若一个人不去学校上学或者闭门不出，周围以父母为代表的大人们就会劝其尽快去学校上学或者出去工作。那样的人总是被唠叨着，应该不会开心。但只要被人那么唠叨着，他就能够在家庭这一共同体中处于中心位置。

可是，如果到外面去又会怎样呢？一旦去了学校或者公司，那么学习或工作便成了理所当然之事，自然也就不会有人对此加以表扬了。这就如同生病虚弱时能够获得关心，一旦康复便不会再那么受关注了。

第一章
不断探索的"我"

一旦走到大街上,便不会有人知道自己,因此便会明白自己只是众人之中的一个而已。在外面不同于在家中,人无法获得特别关注。那时候,人往往就会感到孤独。

虽然那样的人独自一个人待在房间里的时候也会感到孤独,但待在人群之中的时候会更觉得孤独。因此,便会选择独自一个人待着。三木清说"人甚至会为了逃避孤独而选择独居"就是这个意思。

那样的人逃开人群中的孤独之后,是不是一个人待着就不会感到孤独了呢?或许并非如此。

那么,怎样才能不感到孤独呢?这里必须注意到一点,那就是,一个人待着的时候,也并非总会感到孤独,也并非总会厌烦见人,而是能体会到一种放松感。不过,一个人待着会觉得轻松的人也会有孤独袭来之时。对此,我们必须思考一下一个人独自待着所产生的放松感与孤独袭来之间的差别究竟源于何处。

无论独自一个人待着,还是身处人群之中,都只是"外部条件"。是否感到孤独并不是因为一些外部条件。无论是独自一个人待着还是与他者在一起,既有会感到孤独的人也有不会感到孤独的人。并不是自身所处的某种状况使人感到孤独。

是否会感到自己很孤独与外部条件无关，它源于如何看待自己与他者之间的联系。有人认为为了逃避孤独必须总是与别人待在一起，持这种想法的人的确也是在寻求与他者之间的联系，但却将他者视作逃避孤独的必要工具。因此，他们对于那些没有满足自己期待的人常常无法感到满意。

为了自己的需要试图去利用朋友的人终会失去所有朋友，成为孤家寡人。想要逃避孤独，反而变得更加孤独。

此外，有人认为没有必要为了不感到孤独而与谁在一起，也并不在意独自待着，这样的人往往并不会感到孤独。

感到孤独并不仅仅限于活着的时候。有的人非常害怕孤独终老，他们不想临终之时无人照看、独自一人孤独死去。那样的人并非害怕死亡本身，而是害怕一个人孤独死去这一死亡条件。即便死时并不是孤独一人，而是幸得家人照看，人也都得自己一个人独自面对死亡。从这个意义上来讲，死亡是一种绝对的孤独。

石桥秀野有这样一首俳句：蝉鸣声阵阵，担架车上有母亲，小儿追未尽。

第一章
不断探索的"我"

　　石桥秀野38岁便因肺病去世。那时,她的女儿6岁。女儿见母亲被担架车运到救护车上去,于是便哭着追赶。随着救护车的离开,女儿的哭声渐渐消失在阵雨般此起彼伏的蝉鸣声中,听不到了。石桥秀野用蓝色铅笔匆匆写在俳句本上的这首俳句成了最后的绝唱。在此之后,她的俳句本陷入了"永远的空白"。

　　金衍洙则在这首俳句的阵雨般的蝉声中读出了"死亡气息"。

　　"脑海中想到阵雨般的蝉声时,她或许就已经预感到了死亡的到来。如果连孩子的哭喊声都吞没掉的那些蝉鸣声消失了,她应该就会离开这个世界了。倘若只有自己一个人活在世上,即使上天要马上取走自己的生命,应该也不会觉得太过遗憾。可是,或许这个世上都会有牵挂我们和令我们牵挂的人。只要在我们还活在牵挂者的记忆中,悲伤或许就会持续很长时间。'小儿追未尽'这句便是那种会持续很久的悲伤的一种形态。时间会那样继续下去。"(《青春合集》)

　　石桥秀野的女儿山本安美子说:"父女所在的现世与秀野所去的冥界之间的距离永远不会缩短。"

　　清楚记得,当我因心肌梗死倒下而被送去医院的时候，我感觉一个人独自死去是一件多么寂寞的事情。

即便是面对死亡，如果能够恰当理解与他人之间的联系，也不会感觉太孤独。虽然最终的确只能一个人独自死去，但当自己的家人或好友去世时，我们应该也不会很快将其遗忘。如果是那样，即使我们自己死了，或许也会有人想起我们。

死别的确令人悲伤。因为，只要是活着，就无法去追赶死者。可是，倘若能够相信与故者之间依然存在着某种联系，死亡所带来的孤独就一定会有所减轻。

病者物语

因心肌梗死住院的时候，我听一位来看望我的朋友说有个维克托尔·冯·瓦茨泽克的研究会，每个月都用德语阅读著作。出院之后的第二个月，我便去参加了。

研究会每个月举办一次，但每次都会持续四个小时。所以，刚开始我还担心自己体力跟不上。难能可贵的是，在这个研究会中能了解到意在构建医学人类学的瓦茨泽克的思想，同时还能聆听精神科医生木村敏先生的教诲。

第一章
不断探索的"我"

2020年出版的维克托·冯·瓦茨泽克的《自然与精神/邂逅与决断：一位医生的回忆》在这个研究会中2000年4月便开始阅读了，2010年9月读完。我参加的时候正开始读《自然与精神/邂逅与决断：一位医生的回忆》。

瓦茨泽克的德语非常难懂。一旦轮到我译读，往往都得专心准备一个月。虽然大家会一起讨论，但还是会有一些把握不准意思的地方。每当此时，木村敏先生常常会说一些"或许可以这样想吧""也不必认定这就是正解"之类的口头禅。最终，我就只能一边保持着疑问一边不懈思考。哲学、精神医学和心理学等也许并不能满足那些一心寻求"正解"者的期待。

瓦茨泽克说："唯有医生切身感受到患者的内心烦恼，感同身受般体会疾病给患者带来的身体痛苦的时候，医生才是真正的医生。"（这段话引自我读完本次出版的译著之后所读到的论文。）

我试着这样进行翻译，但木村敏先生沉默了一会儿说："虽然很少有人这么写，但作为真实感受还是能够明白。'唯有医生切身感受到患者的内心烦恼'，才能够产生强烈共鸣。虽然现在很多医生都不会这么想，但也有能够体会到这一点的医生。"

医生真正与患者同行,"患者身上发生的病痛,医生在心中反复体会"。

医生不仅与患者同行,医生也"忧患者之忧"。

在刊登于《日本经济新闻》报上的随笔中,木村敏先生写道:"最近,手册式诊断在精神医学领域也占据了主流地位,像我这样关注人的基本存在的诊断方法比以前更加少见了。今后我还想进一步加深自己的'临床哲学',并将其传承于后世。"

木村敏先生的书房里挂着西田几多郎的诗笺:"我的内心深处,无喜亦无忧。"

西田写作这首和歌的时候53岁。当时,他的二女儿和五女儿已经去世;几年前他的妻子因脑梗死病倒,之后也去世了;他的长子也是因病去世的。西田50多岁的时候就已经失去了好几位亲人。

木村敏先生自己也在2006年痛失46岁的女儿。我读了先生的自传《从精神医学到临床哲学》才知道这件事,因为这是我加入研究会之前的事情。

"孩子先于父母而去,这是极其不合常理、不自然的人生憾事,可这首和歌中却流露出西田的另一种心境:在

第一章
不断探索的"我"

莫大的悲哀中发现了超越喜怒哀乐的无之境界。"(《日本经济新闻》报,2013 年 7 月 4 日)

西田留下了大量和歌。西田曾被建议加入数学专业。但是,据说他并不想一生学习枯燥无味的数学,也不相信自己有这方面的能力,而最终选择了不仅需要逻辑能力还需要诗人般想象力的哲学。

我不知道西田对于数学的批评是否恰当,但西田并不是将任何问题都单单作为逻辑问题去考察的。我高中时酷爱阅读西田的著作,在开始学习柏拉图之后就不怎么读了。西田的哲学在逻辑方面较具跳跃性,我常常理解不了,但却会被西田的和歌打动。我知道学习哲学需要诗人般的想象力。

精神科医生仅仅依靠"手册式诊断"是根本无法治疗患者的。哲学家倘若仅仅依靠逻辑去思考问题,那也很不够。

歌人河野裕子晚年罹患乳腺癌。在患病后大约两年的时间里,河野的精神状况都非常不稳定。无计可施的家人那时所"依赖"的正是木村先生。

在过了四五年的时候,河野病情爆发的程度有所减轻,次数也逐渐减少,这对于她的家人来说,感觉终于看到了前途中的一丝希望。

或许对河野来说,在木村医生面前她可以敞开心扉安心交谈。并且,应该也不是诸如"您还好吧""是的""那么,还是给您开一些与往常一样的药吧"之类表面性的对话。

去研究会的某一天,我梦到了木村先生。梦中,我到先生的家里去拜访,而先生问我:"要不要跟我一起去散步?"跟妻子讲起梦中的事情,她笑言:"你可真是把先生当作父母般去敬慕啊!"

最后的留存

我因心肌梗死病倒的时候,主治医生说:"你得救了,但也失去了很多。"失去的东西的确很多。我失去了工作。心脏现在也不能像以前那样发挥功能。虽然没有太大异常,但身体状况时不时会有问题。不过,当我开始意识到不可以一直盯着失去的东西之后,才渐渐能够活得稍微轻松一些了。

我现在的想法稍稍有所不同。正如在破酒桶里生活的

第一章
不断探索的"我"

哲学家第欧根尼某天看到孩子用手捧水喝,于是便将自己的行囊也丢掉了一样,那不是失去,而是丢掉了无法带走的东西。

我注意到,与其说是失去,不如说是舍弃了太多无法带走的东西。

即便那样,人们还是有要保留的东西。只要有要保留的东西存在,就什么都不会失去。那就是"自己"。因为保住了性命,所以,作为交换,即使失去其他一切也不可惜。

很多人认为人生中必须抓住的东西是"自己",不过这个"自己"不是自己的本质,而只是"属性"而已。所谓属性,就是学历、金钱或者社会地位之类的东西。如果让来进行心理咨询的年轻人进行自我介绍,有时咨询者会像读简历一样开始叙述自己从哪个大学毕业或者目前在哪里工作等。那样的话,听再多都无法明白其是一个什么样子的人。

如果说那些都没有价值,那么自孩提时代便埋头读书才辛苦获得学历或资历的人也许会很不高兴,但"自己"的确无法靠属性展现出来。

我的朋友长时间照顾父亲。即便他不能做各种各样的事情，也忘记了许多事，但他依然坚持不懈地与父亲一起念诵佛教经文。自懂事起便每天反复念诵的经文一直留存在父亲心中。

我的父亲晚年不会使用手机了。我将自己的紧急联络方式贴在非常显眼的地方，并叮嘱父亲有什么事随时给我打电话，还将电话按键进行了特别设置，以便父亲按一下就立即可以接通我的电话号码。尽管如此，父亲却一次也没有给我打过电话，哪怕是在夜里跌倒，腰椎骨折的时候。

可是，有一次，我竟然听到父亲给朋友打了电话。父亲毫不费力地拨通了那位交往了很久的朋友的电话，并在电话中谈笑风生。对父亲来说非常重要且直到最后还保持联系的不是家人，而是朋友。父亲的那位朋友比父亲去世早。我没有办法告诉父亲他朋友去世的事情。

以上所看到的其实并非最后留存的东西，而是"一直"对那个人非常重要的东西，这一点必须注意。并非父亲不珍视家人，可对于自妻子去世之后便离开京都到横滨居住的父亲来说，与朋友一起出去旅行肯定是生存的意义的一种。父亲经常跟我讲述与那位比他早去世的朋友一起旅行时候的事情。能够轻松拨通一直保持联络的朋友的电话，这也并没有什么不可思议的。

第一章
不断探索的"我"

我的老师藤泽令夫曾加入过旧制第三高中的小艇部。藤泽研究室的人每次聚会时,最后都要一起互相抱着肩膀在先生奏响的号子声中高唱第三高中小艇部的"琵琶湖周航之歌"。先生的声音原本就非常响亮,此时先生的号子声更是格外响亮。唱法虽然称不上具有什么音乐性,但先生总是非常开心。

从大学退休之后,先生因为癌症住院了。听说失去意识之后,先生还好几次做出了划船的动作。"琵琶湖周航之歌"第六段的歌词是:"到了西国十番的长命寺,感到污秽的尘世已离我远去。划桨行舟,泛起金色的浪花,朋友们谈笑风生,激情澎湃。"

三木清说:"对于没有任何执着信仰的空虚心灵来说,死亡或许是一件相当难以接受的可怕之事。内心有执着信仰的人不会真正死去,其实就是说,因为有执着信仰,所以便能够坦然面对死亡。有着执着信仰的人死后都有自己的归宿。"(《人生论笔记》)

写到这里,我认为人生的最后可以留存一些对人来说真正重要的东西。之所以这么说,也是因为我想起了父亲在患认知症之后将过去经历的很多事情都忘记了,但总是忘不了战争中的可怕体验。

父亲1928年出生，还没有等到征兵就报名当了海军飞行预科练习生。幸运的是，在接受实际飞行训练之前，战争结束了。倘若战争再拖些时日，父亲也有可能战死。如果父亲战死了，我自然也就不会出生了。

父亲在训练时，有一次极其近距离地经历了战斗机的机枪扫射。父亲曾多次说到那时他深切感受到了死亡的可怕。

父亲一方面反复讲述自己的战争体验，另一方面又总是愤慨于不懂战争的年轻政治家常常讲一些激进言论。倘若像父亲一样经历极近距离的机枪扫射，某些鼓吹国民必须流血的政治家或许也会吓得摔倒在地爬不起来。

父亲受到机枪扫射时的记忆非常清晰，他讲述那件事情的时候，看上去简直就像是正在经历着那种恐惧。最近的记忆很快就会失去，就连刚刚吃过饭也不记得的父亲却总是忘不了这种恐怖的经历。意识到这一点之后，我觉得那样的事情不可以成为人生的最后留存。

驻足静思的"我"

> 为了考虑真正重要的事情,我们必须认真面对和深入思考问题。

畏惧恐慌者

在第一次世界大战期间,阿德勒在陆军医院工作。阿德勒当时被分派的工作就是判断在那里住院的神经症士兵出院后是否能够再次服兵役。阿德勒所做出的可以服兵役的判断意味着士兵会再次被送往前线。做出这种判断,对阿德勒来说是一种极大的痛苦。

某位年轻人来到阿德勒这里,请求他帮助自己免除兵役。他佝偻着身体在房间里来回走动。诊断结果表明他的诉求毫无根据。阿德勒必须就患者情况向陆军医院的负责人提交报告书。然后,再由负责人做出最终决定。

那位年轻人出院的当天,阿德勒告诉他其目前的状态并不能免除兵役。于是,之前一直佝偻着身体的年轻人突然把腰板挺得笔直,极力恳求阿德勒帮其免除兵役。他说自己是一名半工半读的学生,并且还要赡养年迈的父母,

第二章
驻足静思的"我"

自己如果不能被免除兵役，那就意味着全家都难免一死。

阿德勒的著作中提到了一些畏惧恐慌的人。被阿德勒称作"不幸者"的人"往往认为不祥之神一定会只缠着自己，暴风雨之日，雷也只瞄准自己。终其一生似乎就是为了确认自己做什么都不顺利，自己着手干的事情也全都会以失败告终"。(《性格心理学》)

那样的人总担心会遭遇不测，也不愿走出家门到外面去。即使待在家里，也会担心有强盗闯入自己家中或者飞机坠落到家里，每天都充满不安。在传染病流行的当今社会，这样的人常常会感觉自己很快就会被病毒感染。

"能这么做的往往只有那些以某种形式将自己视作事件中心的人，他们往往充满了强烈的虚荣心。"(《性格心理学》)

这样的人常常会对充当悲剧主人公这件事充满优越感。

"他们的心情时常会表现在外部行为上。常常会一脸忧郁，总是佝偻着身体走路，目的是让别人觉得其身负千斤重担。这样的人常常会令人不自觉地想起一生都得背负沉重负担的女像柱。他们总是会把一切都想得过于严重，并用悲观的眼光去判断。由于抱着这样一种心情，他们往往认为做什么事都会遭遇不顺，并且不仅仅是对自己的人生充满悲观，还会认为他人的人生也满是痛苦和不幸的。而这背后所隐藏的无非是一种虚荣心。"（《性格心理学》）

女像柱是古希腊建筑中支撑横梁的女神像。也许只要说人生因为不幸而充满不顺，这样的人就不想去努力投入到课题之中。

总是畏惧恐慌的人往往背负着重担，但这并非真正的重担。阿德勒写到了"怪力男"的故事。在马戏舞台上，"怪力男"往往会看似非常艰难地举起沉重的杠铃。观众看了之后常常会拍手叫好。

那时，舞台上就会走过来一个孩子，这个孩子会用一只手轻松拿起"怪力男"刚刚举起的杠铃扬长而去。

这个"怪力男"也是佝偻着身体。阿德勒说很多人都非常善于通过夸张地举起实际上非常轻的杠铃来欺骗他人，让他人误以为其承受了过重的负担。

神经症者和那些即使没有表现出症状但却有着神经症式生活方式的人就是这种人的典型。所谓具有神经症式生活方式是说那些试图搬出某些理由逃避必须解决的课题的人。畏惧恐慌的人常常会向周围人倾诉自己承受的负担非

第二章
驻足静思的"我"

常大，目的在于通过沉重状让人以为其正在致力于课题。

那样的人也欺骗自己。而阿德勒将这种试图逃避课题的行为称作"人生谎言"。

阿德勒将神经症者比作希腊神话中的擎天巨神阿特拉斯。阿特拉斯在与奥林匹斯诸神的战斗中失败，被宙斯降罪，罚其于世界的西端担起擎天重任。神经症者常常会说即使肩上承担着扛着世界的阿特拉斯般的重担，实际上也能自由舞动。

阿德勒与前面看到的那位年轻人进行交谈的那个晚上，做了这样一个梦。

"为了某个人不被送到危险的前线，我已经做出了很大努力。在梦中，我时常浮现自己杀了某个人的念头。但是，又不知道究竟是杀了谁。于是，我便苦苦思索'究竟是杀了谁呢'，精神状态也随之变差。实际上，我只是在用自己已经尽了最大努力为那个士兵做了最有利的安排来让其避免死亡这样的想法来麻醉自己。梦中感情的目的就是促成这种想法，但当我认识到梦只是一种借口的时候，我就完全不再做类似的梦了。因为，倘若基于逻辑（而非梦境），就没有必要为了做什么或者不做什么而欺骗自己了。"（《个体心理学讲义》）

仅仅在梦中自我麻醉地说为了不杀害年轻人自己已经尽力了，是不行的。阿德勒必须解决的真正课题应该是绝不让罹患战争神经症的年轻士兵们重返前线。

用现代的话来讲，阿德勒当时处在了与被迫干一些对文件进行有利于上司的篡改之类不正当行为的官员一样的立场上。虽说他已经尽可能地做了努力，但并不清楚实际上是否能够拯救年轻人。可是，他在梦中如此苦恼，所以，还是希望获得宽恕。也许阿德勒就是这么想的吧！

那么，当阿德勒说不再用那种梦中感情去欺骗自己，而是要用逻辑去思考的时候，他究竟在想什么呢？

神经症者往往是一些怯懦的人，他们常常会以症状为理由去逃避人生课题。阿德勒认为战争神经症也不例外，它一般会出现在有心理问题的人身上。

后来，阿德勒将战争视为毫无意义的荒诞之举，还开始批判挑起战争的政府。也许那时阿德勒对于战争神经症的想法也会有所不同。神经症者在课题面前往往会试图逃避。战争神经症者所面对的课题是战争。课题应该有不能逃避的课题与允许逃避（或者说是必须逃避）的课题之分。战争就属于后者。

第二章
驻足静思的"我"

关于共同体,阿德勒说:"我们常常想要与共同体建立联系,并试图相信或者说至少是展现出与之保持着联系,由此产生出个人独特的生活方式、思维或行为技巧。"(《性格心理学》)

能够感觉到自己属于某个共同体,是人的一种基本欲求。问题是这里的共同体是什么意思。

那是"无法实现的理想",而非现有社会。不再依赖做梦之类的感觉而是能够用逻辑去思考问题的阿德勒已经不会将共同体感觉中的"共同体"与现实的共同体混为一谈了。也许,那时的他已经能够对战争神经症及战争神经症者的处理做出冷静而符合逻辑的判断了。

关于战争神经症者的处理,不论阿德勒是否跟直属上司进行了抗议,也许他都对实际上能够回归前线的士兵做出了并未康复的诊断。虽然传记中什么都没有说,但阿德勒不久便在人与人互相厮杀的战场中得出了被称为"共同体感觉"的构想。

通常,人会属于多个共同体。如果眼下所属的直接共同体与更大共同体之间出现了利害冲突,那就应该优先考虑更大共同体的利害。在必须决定如何处理患有战争神经症的士兵时,倘若考虑到超越了国家水平的共同体,那或许就不该仅仅因为病愈便将士兵再次送回战场。

如果是那样,有时也就不得不拒绝共同体的要求,也就是刚刚这个案例中为国家而战的要求。就像前面已经看到的那样,阿德勒所说的共同体并非现实中的共同体。因此,无条件地将服从国家命令视为善,与共同体感觉没有任何关系。

阿德勒在服兵役期间休假的时候,突然对在咖啡馆中聚会的朋友们说当今社会最需要的是"共同体感觉",这令大家深感震惊与困惑。

那一瞬间,之前常常佝偻着身体的阿德勒一下子挺直了腰板,开始滔滔不绝地解说自己的愿望。

犹豫不决者

如果发生地震且脚下猛烈晃动,人就会本能地感到恐惧。即使心里想着必须马上逃走,身体也会畏缩不前。

现在街上看不到放养的狗或者野狗了,但我小时候街上却有很多放养的狗或者野狗。因此,一遇到它们我就会

第二章
驻足静思的"我"

吓得两腿发软,担心自己被咬到。小时候见到的狗看上去似乎特别大,那当然也是因为那时的我太小。

恐惧这种感情的指向对象非常清晰。恐惧的对象一旦没有了,恐惧也会随之消失。大地的晃动如果停止,恐惧就会缓和下来;狗如果从我的视线里消失,恐惧也会消失。

此外,不安却没有什么特定指向对象。没有指向对象反而愈发令人不安。为什么不安没有对象呢?因为它不需要。

对象明确的恐惧倒容易理解。即使经历相同的事情,也有不会感到恐惧的人。即使看到狗或者发生地震,有人也会很镇静。

恐惧的背后有一定的目的,为的是逃避危险。如果感到恐惧,人就能够马上逃出去。虽然有时会因为感到恐惧而两腿发软,但人还是会为了逃避引起自己恐惧的对象而制造出恐惧。恐惧是这样一种为了逃避眼前事物而被制造出来的感情。

不安基本上也一样,但其对象并不明确。因此,它不仅仅是为了逃避眼前的事物,而是为了逃避更多的事物。人一旦被连自己都不太清楚的不安所困,就会什么都做不了。

同恐惧一样，不安也是助力人逃避课题的一种感情，但因为其对象不明确，所以不安发生的时候，比起即刻逃走，人会更多地采取阿德勒所说的"犹豫不决的态度"。

为什么有些人在考试前一天会变得异常不安呢？只要是心感不安，就不想积极地复习备考。并不是因为不安才不去学习，而是为了不去复习备考才变得不安。可是，是不是一旦不安就马上停止复习备考而尽快去睡觉呢？并非如此。此时表现出的往往是"犹豫不决"。心中反复纠结是不是可以就此停止复习。当然，如果不参加考试，肯定会拉低分数，或许无法毕业。即便心里明白这一点，但还是有人认为与其得到一个不满意的结果，倒不如一开始就不参加考试。

究竟是要参加考试，还是不参加考试，不安就在这种犹豫不决的间隙产生了。虽然犹豫不决，但当决定要逃避课题的时候，不安会助长逃避的决心。

感到不安的人会怎么做呢？对此，阿德勒说："为了进行防御，会将手伸到前面，而有时还会用另一只手遮住眼睛，以便不去目睹危险。"

这样的人面对课题时倒也不会完全止步，但为了保护

第二章
驻足静思的"我"

自己往往会将手伸到前面，小心翼翼地摸索着去靠近课题。为了避免看到危险而遮住眼睛的"手"就是指面对课题时令人犹豫不决的感情。虽然因为疑虑、不安之类的感情而遮住了一只眼睛，但另一只眼睛还睁开着。因此，这样的人在课题面前也并非完全止步。如果感到恐惧，也许就会完全止步或者逃走，但不安的人则比较优柔寡断。

一些人在课题面前变得不安，未必是因为课题本身困难，反而是因为先有了不去面对课题的决心，继而为了助长和强化那种决心才变得不安。

人们对接下来要致力其中的课题，或许不可能一切都了如指掌。很多事情不实际去做就不会明白。在这个意义上来讲，谁都多少会感到不安。

像这样，觉得自己无法完成那项课题，就犹豫不决并最终选择逃避课题，是极其不对的，因为任何事都需要我们尝试一下才能知道结果究竟会如何。既有原本认为一定能够完成但当实际着手去做却格外困难而无法完成的课题，也有一些正相反的课题。

消除不安也很简单。考试之前如果感到不安，那就去认真复习备考。不仅是学习，任何课题都一样。很多人会在课题面前说："是的，可是……"其意思就是想说，我知道最好尝试一下,"可是"做不到。

当然,即使去尝试了,也未必就能得到自己希望的结果。不过,也可能会得到比预想还要好的结果。不安是为了强化"不去做"的决心所需要的一种感情。

阿德勒讲了自己小时候的一段记忆。虽然那时只有5岁,但阿德勒却已经上了小学,每天去上学的时候必须经过一片墓地,在这期间,阿德勒都会感到不安,心中无比紧张。

阿德勒下决心一定要摆脱经过墓地时内心所产生的不安。于是,某天到达墓地的时候,他故意比同学们走得慢一些,并将书包挂在墓地的栅栏上,自己一个人走到墓地中间。起初,他在墓地中间疾步行进,渐渐便开始从容地来回踱步。就这样,阿德勒终于感觉自己能够完全克服对墓地的恐惧了。

35岁的时候,阿德勒遇到了那时候的同学,于是便问起这片墓地:"那片墓地后来怎么样了?"

面对这么问的阿德勒,朋友竟然惊讶地回答:"压根儿就没有什么墓地呀!"

如果朋友所言属实,那阿德勒记忆中曾鼓足勇气走过的墓地实际上也就并不存在了。不过,对阿德勒来讲,关键并不在于墓地是否真实存在。

为什么阿德勒需要一段那样的过往记忆呢?因为,小时候鼓足勇气克服困难的记忆有助于在之后的人生中克服困难、走出困境。想起小时候鼓足勇气克服困难的事情,就会对自己说:"那时候都能够克服困难,现在也不会做不到。"

有时还会通过改变应对当前人生的姿态使过往记忆发生变化或者记起之前已经忘记的某些事情。

停滞不前者

有人会希望时间停住。阿德勒还将这样的人称为"试图停滞不前者"。为什么有些人会希望时间停住呢?因为害怕面对课题。

当第二天必须参加考试的时候,如果不是绝对相信自己能够取得好分数的人,倘若允许,有些人或许都会不想去参加考试吧。曾有过学生于考试前一天在学校纵火的事情。即便那么做,考试也只是会被延期进行。

不想参加考试的人就会希望时间停住。可是，我们并不知道时间如果停住了是否真的好。因为，那样就必须一直复习备考。

还有一种情况是，希望幸福的时间停住。有人会担心一旦幸福太久，不幸便会随之而来。这样的人究竟在害怕什么呢？也许他们并没有具体去想。"虽然现在这么爱自己，但这个人也许什么时候就会离开。"有人会在最幸福的时候这么去想。

这样的人遇事总是比较悲观，用阿德勒的话讲就是，即便再怎么开心，依然保有"人生阴影面"。明明应该尽情享受开心时刻，却会突然陷入沉默。并且，对方再怎么询问究竟怎么回事，也什么都不回答。

如果在人际关系中保有"人生阴影面"，那么会怎样呢？这样的人一旦发觉对方的态度与以前稍有不同，就会认为对方不再像以前那样爱自己了。一旦那么想，即使对方的态度实际上并没有任何改变，也无法像以前那么单纯了。

害怕对方变心继而变得不安，其中有一定的目的。并不是因为人们实际经历了什么令人不安的事情，而是为了某种目的而制造出不安这种感情。

第二章
驻足静思的"我"

那就是为了逃避课题。尽管必须两个人一起努力去经营爱情,但有人在做出那种努力之前便想要逃避经营两人爱情这一课题。当两个人的爱情没有结果的时候,他们便将对未来的不安作为理由。因此,他们便会说已经没有信心和对方一起生活下去了。

虽然人只能活在当下,但却无法让时间停住。"现在"时时刻刻都在向未来移动。正如赫拉克利特所言:"万物流转。"因此,即便两个人什么都不做,时间也照样会流逝。倘若时间在不停流逝,两个人的关系也在发生某些变化,那么即便其中的一方或者双方是无意识的,也会想要去改变两个人的关系。

一开始就不愿积极推进关系进展的人往往会变得不安,担心虽然现在这么幸福,但迟早会有不幸的事情发生。如果这样的人想从对方态度中找寻其不爱自己的证据,那多少都能找到。

怎么做才能安心享受现在的幸福时光呢?

首先,对于今后要发生的事情就任由其发生,自己也并不是什么都不做,而是认真思考有没有自己能做的事情。就人际关系而言,不要去看"阴影面",而要努力去看"光明面"。

其次，必须认识到即使幸福了一段时间之后突然发生了不幸，两者之间也并不存在因果关系。并不是因为幸福持续了一段时间所以才会发生不幸。相反，也不会因为不幸持续了一段时间，接下来就会有幸福的事情发生。各种各样的事情都会发生。

最后，人只能拥有当下的幸福。所以，如果现在感到幸福，就不必再过多考虑将来的事情。实际上，人并不是因为将来可能会发生不幸就无法享受当下的幸福，而是因为现在无法安心享受幸福才会想到将来并变得不安。

人生并没有什么固定的逻辑或道理。所以，今后的人生也未必就会不幸，或许会发生更幸福的事情。在之前的人生中，实际上也并没有在幸福持续了一段时间之后便发生了什么不幸的事情。

今后会发生什么，我们无法控制。恐怕谁都没有想到新冠疫情会对世界产生这么大的影响。即便如此，也并不是具有相同经历的人都会变得不幸。

人所害怕失去的不是幸福，而是幸运。由于外在条件的齐备而偶然获得的幸运很容易失去。与因好好学习而在考试中取得了好成绩不同，幸运就好似由于猜对了考试题而考试通过。

第二章
驻足静思的"我"

在收录于北條民雄《生命的初夜》这部短篇小说集里的《遮眼罩记》中，罹患麻风病的"我"自问："你难道没有看到对生命的热爱吗？生命本身的可贵性，你难道不知道吗？"这种病现在能治好，但当时却被认为是不治之症。与是否能够康复无关，这里讲的是生命本身、活着本身的可贵性。

我患心肌梗死是在2006年。虽然在医院待了大约一个月，但那之后身体状况也总是很难恢复。刚想着好不容易能够像生病之前一样工作了，结果又得照顾生病的父亲。虽然不是自己生病，但还是感觉人生的去路又被遮住了。我生病、康复、父亲生病，其中并没有什么因果关系。健康的我生了病，康复之后的我通过照顾父亲感受到了幸福。虽然不能如愿进行工作，但我活着并能够照顾父亲，这就非常可贵。

倘若能够这么想，无论发生什么，幸福都不会动摇。

从容生活

有的人看上去就活得比较从容，不会希望时间停住。

有一句拉丁谚语："早给的东西等于给了两次。"如果政治家什么事都迟疑不决，决定了之后又推迟实行，那么是不行的。但如果是做必须由自己去完成的课题，普通人应该会更加从容地去致力其中。

在工作中，我们往往希望自己发出的邮件尽快得到回复。即便是将花了很长时间写成的稿子发给编辑，如果没有马上得到对方的回复，也会变得不安。现在能够用邮件发送稿子，所以，如果是由于某些原因没有收到，再发送一遍就可以了。可是，在只能寄送原稿或校正稿的时代，在得到对方回复之前，我们都会心有不安。虽然为了以防万一往往都会做个备份，但那时候做备份相当耗时费事。

阿德勒有一次半夜惊醒，当时他对刚做过的梦记忆深刻，好像是看到有船沉入了海底。第二天，阿德勒便知道了泰坦尼克号沉没的消息。而他半夜醒来的时间正好是在泰坦尼克号沉没的时间。

但是，阿德勒说这件事并没有表面看上去的那么偶然。那时候，阿德勒正在为《关于神经质性格》一书原稿的事情而担心。虽然将原稿寄去了美国，但阿德勒那次并没有像往常一样进行备份。如果原稿在寄送途中遭遇沉船事件，那么阿德勒好几年的付出都将化为泡影。

第二章
驻足静思的"我"

这里所说的备份应该指的是将复写纸夹在两页纸中间用打字机打原稿。因为这本书的原稿并不在泰坦尼克号上，所以阿德勒不久便收到了稿件顺利寄到的通知。

在这个事件中，阿德勒即使有了这样的经历也并未对其做出神秘主义式的解释。这件事被引用并不是为了说明阿德勒此时经历了心灵感应之类的事情。抛开这些暂且不谈，我很能理解阿德勒因担心原稿能否顺利寄到所产生的不安。

当今时代，如果不出什么意外，邮件瞬间就会抵达编辑的邮箱。可即便如此，如果没有收到回复，作者还是会担心。即使编辑收到了自己的邮件，作者也会担心对方是否对稿子不满意。

如果是正在交往的两个人，互发邮件是非常开心的事情，可一旦双方之间的关系开始出现不顺，就会很在意对方说的每一句话。无论是书信还是邮件，如果没有收到对方的回复，即便只是比原来回复得晚一点，也会变得不安。

即便只是普通邮件，如果对方没有立即回复，我们也会担心是不是自己写了什么令对方不高兴的话。如果是邮寄，即使回复慢了一些，我们也还会担心是否邮局的原因；但如果是电子邮件，如果对方想回复，应该马上就可以回复。因此，即便是短时间内没有收到对方回复，我们也会心生不安。

那么，相反，换成我们是收件方，会不会立即给对方写回复邮件呢？那倒也不是。如果有人问"不是不会写，而是不想写吧"，那或许还真没法否认。但是，我们也并不是不想写。想写的时候还真是想写。当然，回复工作邮件或者写作（对我来说就是写稿子），是丝毫不容懈怠的事。

我们会有一些当天就想要完成的事情。但是，某天突然收到了紧急邮件，这种时候往往就会有一种突然有事加塞儿进来的感觉。

我们将不是电子邮件的邮件称为 snail mail，即蜗牛邮件的意思。虽然身处想要回复就能马上回复的便捷时代，但我们也没有必要让自己刻意去迎合这种便捷性。

《凝望终点》是八木诚一和得永幸子的往来书信集。二十六年间，他们往来书信达百封之多。其中有句话令我印象很深，那就是"本以为不会来的信到了"。即便没有马上收到回信，即便不能马上写回信，他们也肯定一直惦记着对方。

第二章
驻足静思的"我"

驻足静思

曾有个人决心要辞掉从事了很多年的工作。想要重新审视搁置了很久的夫妻关系是其决心辞职的一个理由。如果因忙于工作而没有时间好好思考，那么即使重要的问题也无法认真面对。但是，实际上他并不是因为忙才将夫妻关系搁置不顾。准确地说应该是，为了不去面对问题，才搬出工作忙这一理由。

为了考虑真正重要的事情，我们必须认真面对、思考问题。为此，我们必须要驻足静思。

笛卡尔说，在森林中迷路的时候不可以慌不择路地到处乱走。那么，笛卡尔是不是说要"停下来"呢？也不是。他接着说："当然也不可以停留在一个地方。"如果尽可能朝着与平时一样的方向径直走，那么即便无法准确到达想去的地方，最终也一定会抵达某个地方，那或许也比待在森林中要好。

可是，我认为还是应该停止继续前行，停下来认真思考一下。如果不停下来想一想，也许真会无法走出森林。

即使径直朝前走,也不知道是否就一定能够走出森林。

首先,我们可以停下来看看地图,或者问问别人。不过,也可能没有地图或者无人经过,但如果不是在森林中迷路,应该还是可以向路过的人求助的。

当因不知该如何活着而迷茫的时候,周围应该不会无人可去求助。但是,不想找周围人商量的人即使有能商量的人也不会去找人商量。

那样的人即便是在街上迷了路,也不会去找人问路。他们往往想要靠自己的力量去想办法。有一次,说好要公开对话的搭档到了约定时间还没有露面。最后,在节目马上要开始的时候,那个人才赶到了会场。结果我们事前连商量都没商量便直接上台对话了。对话结束之后,我问其为什么晚了,对方说是已经来到会场附近了,但因为不知道是哪个建筑,于是便站在自己认为可能对的地方等待。

"您站在那里想要做什么呢?"

"当时我就想一定会有认识我的人发现我。"

这时候,如果没有人发现他,事情又会怎样呢?过后我时常会想起那天的事情。

为什么很多人不能停下来呢?因为大家往往认为一旦

第二章
驻足静思的"我"

开始前行,如果没有什么特别的事情就不可以停下来。所谓特别的事情,就是指生病之类的事情。

我们没有理由因为决定了就不可以改变决心。笛卡尔讲了一段很奇怪的话:"在自己的行动方面,要尽可能地坚定决心。并且,不管如何心怀疑义,一旦决定了,就要坚定不移地走下去。"

这也就是说,我们再怎么心怀疑义也要走下去,即便仅仅是偶然选定了某个方向,如果没有什么特别的原因,也不可以改变方向。

在人生中,选择某个方向,有时的确是出于偶然。这里使用"偶然"一词也许并不太贴切,因为其暗含着我们未经慎重思考便顺其自然地选择了某个人生方向的意思。有时,也许是因为大家都去上大学了,所以自己便也去上大学了,或者是因为父母说最好有个护士资格证,于是自己便去上护理学校或护理大学了。

明明是自己的人生,却在不去思考将来要过什么样的人生的情况下便随便做决定了。当被问到这样做是否好的时候,有个学生回答说:"无论将来想要做什么,不上大学就什么都没有可能。"这位同学认为不管是法学部还是经济学部,只要自己能考上,去哪个都行。我对他说

"在法学部或经济学部毕业后你的人生或许会大不相同",但其却回答"反正大学毕业后也没有特别想做的事情,在大学里原本也没有想学的东西"。

不过,在未经认真思考便开始人生的群体当中,或许有人能够对自己从事的工作感到格外有趣,但肯定也会有人后悔当初的选择。

这个时候,我认为不可以因为惰性而继续走下去,而是需要驻足静思接下来究竟应该怎么做。

不过,即使明白自己正在做的事情并不适合自己,但如果之前已经耗费了很多精力、时间和金钱,人们往往也不愿重新选择其他的路。

相反,在刚刚开始工作的时候便决心辞职,或许比工作了很长时间之后再决心辞职、选择其他的工作更加需要勇气。

我四十岁的时候才开始从事一份专职工作。在那之前,很长一段时间都是和孩子们打交道,每天就是接送孩子上幼儿园之类的。由于小女儿也终于上小学了,我便决心出去工作。感觉这样才算是像样的生活。并且,我当时隐隐觉得接下来如果没有什么突发状况,自己也许就会这样工作二十几年。

第二章
驻足静思的"我"

实际上，工作还不到一周的时候，我就觉得自己无法再继续下去了。在那之前，我从未体验过这种早出晚归的生活。把孩子送到幼儿园之后，我常常就在家里悠闲地看书、写稿。一旦开始上班，马上感觉特别疲惫，而且也不能再进行哲学研究了。

虽然我还是会在休息日进行平日里无法做的研究，但当被上司批评说忽视了本职工作的时候，就觉得不能再在这里工作了。不过，下决心辞职还是花了我三年的时间。因为太在意刚刚就职便马上辞去工作时别人会怎么看待自己。

工作很长时间之后再辞职，或者这样不情愿地继续工作下去，那留给退休之前的时间就不多了。因此，下决心选择一份不同的工作或许也并没有那么困难。当然，我也可以选择就那样什么都不做地过下去。

无论是年轻人还是长时间一直在同一家公司工作的人，有时会毅然决然地辞职去选择一份不同的工作。

有一个年轻人，四月才刚刚就职，却在五月连休前便辞去了工作。当被问到为何那么快就辞去了工作的时候，这个年轻人回答"因为在前辈或上司身上丝毫感受不到幸福"。

当然也会有人认为即使从事相同的工作自己也会跟前辈或上司有所不同，或者想着因为才刚刚就职，所以要再稍微观察一阵子。可是，我认为这个年轻人的想法无论工作多长时间恐怕都不会改变。

他并不想在人生中去做一位成功者，因为，在他看来，即使成功了，如果不幸福，也没有意义。一旦这么想，恐怕就很难再回到原来的状态了。

出人意料的是，他的父母支持他的决定。但如果孩子刚入职便提出要辞职，大部分父母恐怕都会劝其回心转意。他们或许会对孩子说"这只是一时的错觉，如果再稍微坚持工作一段时间，也许就会习惯现在的工作"。

这么说的父母是否真的担心孩子的人生？这还真说不定。

我认识的一个人在女儿考上了师范大学的时候高兴地说："这下女儿的人生就算稳定了。"这位家长也许是认为如果女儿能够当上老师就可以一辈子过得安稳了，可父母怎么会知道孩子接下来的人生究竟会如何呢？怎么会认为考上了大学人生就算稳定了呢？虽然当了老师，但是这个人的女儿也许会因为觉得不适合自己就早早辞职了。实际上，任何工作，一旦开始去做，都有可能会跟自己原来

第二章
驻足静思的"我"

想象的完全不同。

如果好不容易找了份工作,孩子却提出要辞职,父母或许会非常不安。所以,当父母说孩子的人生这下就稳定了的时候,其意思就是在命令孩子今后不要发生任何问题,当然也不可以辞职。孩子则会被父母进行属性赋予,父母会告诉他们绝对不要辞职。

我有一位当老师的朋友因为工作繁重而过劳死。我朋友的亲人花了好几年才等到工人灾害补偿保险认定下来。在成为教师的时候,我的这位朋友当然不会想到自己会过一个这样的人生。

孩子根本看不清今后的人生。即使为看不清今后的人生而感到不安,感到不安的也是本人,并不是父母。父母不可以因为内心不安便要求孩子去从事一份稳定的工作来消除自己的不安。当然,父母也不会那么说,父母或许还会说是为孩子好。

前面提到的那位还没有等到五月连休便辞职的年轻人并未延迟自己要辞职的决断。那对他来说究竟是好是坏,无法即刻看出来。不过,倘若今后知道自己的决断错了,那时候也只要认真思考一下接下来应该怎么做就可以了。之所以能够下定决心辞职,首先是因为他能够驻足静思。

倘若明明迷路了却还继续走，那也根本无法保证就能够走出森林。不假思索地继续走，当明白这条道还是不对的时候，仅仅返回到原来迷路的地方也得花费相当大的力气。因此，我们还是早下决断为好。

随遇而安

哲学家九鬼周造曾提到下面这件事。

林芙美子在去中国北京旅行回来的途中，顺路到了九鬼周造所在的京都。因为林芙美子说一有机会就喜欢听小曲，所以九鬼周造便放了小曲唱片听。

林芙美子曾说："一听小曲就会有一种什么都无所谓了，可以随遇而安的感觉。"

对林芙美子的话感到"发自内心的共鸣"的九鬼周造说："我也深有同感。一听这小曲，觉得什么都无所谓了。"

当天与林芙美子一起到访九鬼周造家的成濑无极反问九鬼周造："之前你好像并没有这么说过吧？"

第二章
驻足静思的"我"

对此,九鬼周造说:"林女士坦率地说出了男人难以说出口的话。"关于这一点,我有点吃惊,不过,九鬼周造当时或许是认为世上有很多更重要的事情,作为"男人"不可以公然讲一听小曲(也可以不是小曲)就"觉得什么都无所谓了"之类的话。这一点今天或许也并未改变。

九鬼周造接着说:"我一听小曲就会感觉那些属于自己的原本被认为有价值的种种即便全都失去也毫不可惜。就只想待在情感的世界里。"

所谓原本被认为"属于自己的有价值的东西"是指金钱或荣誉之类的。正如三木清所言,那样的东西即使在海边捡拾得再多,最终也会被惊涛骇浪全部带到深不见底的黑暗中去。

九鬼周造说:"我感觉此刻在这里的我们三个人都在虚无的深渊上建了一间易碎的临时小屋来栖身。"

除了易碎的临时小屋,其他也没有什么坚固的建筑。其实,这并非"临时"的小屋,而是我们唯一的住处。

我虽未听过小曲,但学生时代在管弦乐队里演奏过圆号。所以,我现在依然是一听古典音乐便会觉得其他事情都无所谓了。

近来，我对韩国文学很感兴趣，一旦读几页书，就会觉得其他事情都无所谓了，即使手头有到期需要交的稿子。

翻译家天野健太郎说："自己动手简简单单地做一些饭菜，到附近散散步，做做俳句，然后看看家里的书，听听自己存放的 CD，这样的人生特别美好。"

的确是"特别美好"。虽然不劳动就吃不上饭，但"自己动手简简单单地做一些饭菜"度日即可。人并非为了吃而活。

实际上，天野并没有"仅仅"如此，还做了许多翻译工作。7 年时间出版了 12 部译作。

为我做冠状动脉搭桥手术的主刀医生非常忙，手术往往会从清晨排到深夜。虽然如此，听同病房的护士说那位医生常常视医院为"游乐场"。不做手术的时候，他经常与患者或家属交谈，还曾与来看望我的客人愉快地聊天。

或许他并不是因为工作繁忙、为了缓解疲劳才将医院当作"游乐场"的。会认真玩耍的人也会认真投入到工作中去，并且对待工作也绝不会马虎。但这并不是说工作时可以去玩耍。

第二章
驻足静思的"我"

我住院的时候,遇到一位喜爱滑雪的护士。据她讲,每到冬天或春天,她都会从京都北上直到山形县,一路逐雪而去。那么,这位护士工作的目的是否就仅仅是为了享受滑雪呢?并非如此。

滑雪的事情是在她为我擦拭身体时听她讲的。有一天,我问她为什么想要当护士。她说,初中时有一次祖父住院了,在去看望祖父的时候,发现他的头发乱蓬蓬的,无人梳理,胡子也很长。于是,每天放学回家的路上,她都会去医院照顾祖父。我问她那段经历是否成了她当护士的动机,她肯定地回答"是"。

《圣经·旧约》中提到,万事皆有时,生有时,死亦有时,人如此辛苦又是为了什么呢?

但是,其接着又写道:"对人来说,最幸福的事情就是开心快乐地度过一生。"

柏拉图说正确的活法就是在生活中去享受一种游戏。

活着很辛苦。即使自己想按照某种方式去生活,也可能会遇到种种阻碍。即便如此,我们还是能够快乐地度过人生。

似乎谁都会在某个时候莫名地被某些东西打动。

我在新冠疫情最严重的时候搬了家。虽然是很早之前就已经决定好的事情，但也还是担心会因疫情而延期搬家。我搬到了女儿家附近，每天都能够见到孙辈们。一和孙辈们玩起来，虽然有时也会耽误工作进度，但那时就会觉得什么都无所谓了。

这样想的时候，就是已经活在"美好时光"里的时候。加藤周一说："细细的小路两旁长着薄薄的穗子，开着秋天的野花。杂树林的上方是广阔的天空，蔚蓝的天空深处飘着小小的白色云朵。没有风，周围也听不到任何声音。信州追分的村头，高远辽阔的天空和秋花遍布的小路，在那时的我看来无限美好。即使我的人生除此之外一无所有，但只要有这美好的时光，我也愿为之而活。"

美好的时光往往令人忘却岁月，但那种美好感觉的质感却不会消失。令人忘记了具体日期的美好时光也是永恒的时光。那样的时光往往会突然到访，又突然消失。

出院之后的两个月，我为了养病还得节制工作，于是便常常待在家里。有一天，我偶然从窗子望向天空，竟然看到了彩虹。美好的时光，任何人在任何状况下都可以拥有。

"在我看来，根本性的问题仅仅在于美好的时光会对

第二章
驻足静思的"我"

自己的人生产生什么样的意义,而不是发挥什么实际效用。"

我时常会想起因脑梗死而无法自由行动的母亲在病床上利用手中的镜子不厌其烦地看外面风景的事情。当时的我既不想去看那个镜子中映照的风景,也不想去问母亲正在看什么。即使在病床上,母亲依然可以拥有美好的时光。也许母亲拿的那个镜子中就曾映照过彩虹。

"对于某个人来说,一朵小花的价值也许是世上任何东西都无法相比的。所以,我不赞成破坏尤其是物理性地破坏人们拥有那种美好时光之可能性的事情,比如死刑或战争。"

加藤周一如果健在,在死刑、战争之外或许还会加上原子能发电吧。虽不指望政治家能给人们带来幸福,但也不想被政治家妨碍大家拥有美好时光。

加藤周一还说:"20 世纪 60 年代的后半期,聚集到华盛顿抗议的'嬉皮士'与全副武装的士兵们对峙的时候,其中一位年轻的女性伸出一只手,将一朵小花递给眼前面无表情的士兵。我想世上恐怕不会有比那朵小花更美丽的花了。那朵花是 Saint-Ex 星球的小王子所喜爱的小小蔷薇，又是《圣经》中赛过所罗门荣华富贵的野百合。"

一边是空前强大的武力，另一边是无力的女性；一边是美国的周密安排，另一边是无名个人的感情自发。权力对市民，自动步枪对柔弱小花。

一方要碾压另一方，非常容易。但是，人们却依然热爱着小花，而无法喜欢美国。

"碾压花朵的权力破坏了人们对其热爱的可能性。"

是附和权力一方，还是靠近小花一方？人生中有时会被迫做出选择。加藤周一讲述了美国演员彼得·福克被天皇邀请时发生的事情。彼得·福克拒绝了邀请，说那天晚上已经有约了。

"彼得·福克早已约好的对象可能是自己的朋友或者恋人。倘若事实确实这样，那么彼得·福克便是选择了他的小花，而不是一国权力机构的象征。"

加藤周一说仅仅是为了向权力证明人们的爱而递过去的无名小花的柔弱而又顽强的生命力常常令自己感觉无限美好。对此，我深有同感。

第二章
驻足静思的"我"

随性而活

我从未体验过奢侈的生活,也从未羡慕过奢侈的生活。不过,我却进行过称得上奢侈的购物。

刚研究生毕业,我就买了苹果公司当时刚刚发售的麦金塔(Macintosh)电脑。当时,这台电脑花了我近百万日元。虽然我根本拿不出那么多钱,但还是决定用研究生院的奖学金来买。结果,我花了三十年的时间来偿还这笔奖学金。因此,买那台电脑对我来说是一生中最奢侈的一次购物。

但是,这是"奢侈"的购物吗?如果仅仅从价格来看,那的确是与我购买时的经济状况不相符的一次奢侈购物,但是否为奢侈购物并不能仅仅从价格方面来判断。

字写得不好的我常常自己都看不清自己写的是什么,所以便想要将写的东西打印出来,这是我当时购买电脑的动机之一。不过,如果仅仅是出于这个目的,当时有专门的文字处理机可供选择。可是,我并不仅仅想将其作为文字处理机使用,还想要将其用于研究。在那之前,我常常会从书籍或论文中将自己需要的内容抄写在纸质卡片上保留下来，于是我便想是不是可以在电脑上做这项工作。

我虽然买了高价电脑，但由于是出于研究需要才入手的，所以并非一种奢侈行为。我认为，所谓奢侈是想要获取不需要或者超出需要的东西的行为。

但是，入手不需要的东西是奢侈吗？这其实是在勉强说服自己，告诉自己东西虽然贵，但我有需要。这里之所以强调"我"有需要，是因为我并不清楚对他人而言是否有需要，以此找出一些理由来让自己和他人都能够觉得那对自己来说不属于奢侈购物。

我购买麦金塔电脑并不仅仅是因为有需要。当时的麦金塔电脑实际上还不能使用日语。但是，我有时也会阅读英文文献或者是用英文写稿。所以，为了研究需要，当时的麦金塔电脑不能使用日语这一点倒也很好。倘若果真是出于研究需要而选择有用的电脑，麦金塔电脑或许会被我从购买选项中排除。

我当时之所以想要购买麦金塔电脑，是因为对史蒂夫·乔布斯想要改变世界的观点产生了共鸣。我与他的年龄基本相同。就像"The Computer for the rest of us"（专为外行人设计的电脑）这句话所表明的一样，我认为作为名

第二章
驻足静思的"我"

副其实的个人电脑的麦金塔真的可以改变世界,并想亲眼见证世界变化的过程。

前面认为进行超出需要的消费就是奢侈,如此想来,做超出需要的事情也可以说是一种奢侈。即便不需要,但"购买"可能性或梦想也许并不是奢侈。

进一步讲,"购买"梦想也并不需要金钱。或者说,梦想是金钱买不到的。世上有许多无法用金钱衡量的奢侈。

整日漫步山中,观察鸟类;不是一个接一个地匆匆遍访旅游胜地,而是悠闲地待在同一个地方;不是为了工作或学习,而是出于兴趣读书;等等。我会想到很多这样的场景。

究竟什么是奢侈,每个人对这一问题的认识各不相同。也就是说,其他人无法客观地判断某人的行为是否奢侈。

有一点是明确的,即人并非为了奢侈而去追求奢侈。渴望奢侈是为了获得幸福。或许也有人即便过着奢侈的生活也丝毫感觉不到幸福。倘若如此,无论是为了奢侈而花钱,还是意图追求无法用金钱衡量的奢侈,只有是否能够感到幸福才决定了其是否真正的奢侈。

进一步讲，奢侈并不是指具体做什么。"学校"一词的词源是希腊语中的 schole，意为"闲暇"。现在的学校太过忙碌。忙碌的学校称不上是学校。不仅仅是学校，当今社会也太过繁忙。我认为，有时间、有闲暇才是最大的奢侈、最大的幸福。

我曾看到过一位年轻人的笔记本，每天的计划都排得满满当当的。那位年轻人说很害怕没有计划的日子。听到那位年轻人问："您有什么感兴趣的事吗？"我便想自己倒也有一些感兴趣的事。

一生都被时间追着走、总是活在繁忙之中的人，一旦退休不用去上班了，马上便会开始抱怨太闲。可是，我们长期以来的工作不正是为了获得那种闲暇吗？

不规划的勇气

我搬离了出生之后一直在那里生活了六十多年的街道。

我花了很长时间才将行李整理得差不多。在书房里，我把书从纸箱里拿出来，一股脑儿地放到了书架上。只要

第二章
驻足静思的"我"

没有客人来访，书就放在那里也没有关系，只要能够马上开始工作就好。

虽然一股脑儿地将书摆放起来就可以，但不打开书就没法开展工作。于是，我快速地找到了徐京植与多和田叶子的往来书信集，开始读了起来。

徐京植到住在柏林的多和田叶子的家里拜访是在多和田叶子从生活了很长时间的汉堡刚搬到柏林不久之时。走廊里堆放着好几个尚未拆封的箱子。徐京植被领到了起居室兼书房的房间里，那里有桌子、椅子、书架和电吉他。两个人盘腿坐在那个房间的地板上喝茶、吃点心。盘腿坐在地板上是因为家里尚未收拾好，就连餐厅里也满满当当地摆放着未拆封的箱子。于是两个人便推开行李坐在地板上交谈。

现在家里并不会有人来访，所以，我便安心地将好几本书随意摊放在书房的桌子上，可一旦有客人来访，我就必须将书收拾起来。即便不收拾，我也得将书叠放在一起，以便腾出一点能够上茶的地方。不过，倘若有个即便不收拾，也能够毫不在意地与之一起在书堆中交谈的人，也是一种幸福。

虽然从书房谈起，但我大多会在餐厅工作。比起老老实实待在书房里的时间，我在餐厅度过的时间可能会更长。有阳光照进来的餐厅非常明亮，我常常会在那里呆呆地眺望千变万化的云或者远处的比叡山。那种时候，写作便很难有进展。

我在餐厅工作并不是从现在才开始的。即使和家人聊天，思考也不会中断；即便在书房里一直冥思苦想，想的也并不仅仅是当时正在写的主题。

据普鲁塔克的《普罗提诺传》讲，哲学家普罗提诺只有在心中从头到尾完成一番考察规划之后才会开始动笔写作。他写作的内容严密细致到简直令人怀疑其是从其他书籍中誊抄一般。普罗提诺在写作过程中即使和其他人交谈，也能在交谈者离开后马上继续写出剩下的部分，根本不用返回去重读之前写的内容。普鲁塔克说普罗提诺的状态简直就像是完全没有与人交谈过一样。

这一点我完全学不来。写作的时候我一旦与人交谈，思路马上就会中断。不过，即便思路会因对话中断，却不会消失。普罗提诺一定也是如此。

不过，有些时候，为了归拢想法，我必须先将其打散，这就好比是如果没有散乱的东西便也就不需要收拾一样。正如鸟无法在真空中飞翔一样，人的想法也会漫天飞

第二章
驻足静思的"我"

舞,可如果没有任何阻力便也无法飞起来。

读书也是需要阻力的。读书时,除了紧跟着作者的思路之外,我也经常会沉浸在自己的想法之中。

这就跟在路上散步一样。与有事外出不同,散步一般并没有什么特定目的地。即便到某处去,最终还是要回到家里。因此,外出时没有明确的目的地,能不能到达那个目的地也都无所谓。

明明是要到那里去才外出的,但也可以没有找到那个地方便回来了。因为,到那里去并非散步的目的。而且,第二天也还是会外出,并且还会再回来。无论到哪里去,只要最终返回到家里就可以。

我们也并不是想着要解开某道题才进行思考的。即便是基于某个主题开始写稿,但想法也有可能最终落到某个意想不到的点上。这不同于散步,并不需要返回到家里。

思考的时候,想法来回徘徊才有趣。阅读那些带有作者反复思考痕迹的文章,追随着作者的思绪读书非常快乐。

很多人会建议为了使文章容易读,可以一开始便将结论写出来。但我并不愿意读那些一开始便将结论写出来的书。如果是那样的书，也许可以速读，但如果是记下了思考过程的书，就无法进行速读了。认为读书就是收集信息的人也许往往想要进行速读，而追逐思想则需要花费时间。

《柏拉图对话录》中的很多篇章的内容明明是为了探求对某事物的定义而展开的对话，最终却证实了什么都不知道。那么，在此之前的过程是否就毫无意义呢？并不是。

比起给出答案，哲学更看重的是得出答案，即使很多情况下得不出答案。

在读书的过程中，我会不知不觉地开始思考。有时候如果我写稿至深夜，就那样将书摊在餐桌上便去睡的话，第二天早上往往就会被家人提醒。

思考即便散乱无章，也不会妨碍到任何人。

不计较的勇气

意大利小说家保罗·乔尔达诺引用《圣经·旧约》

第二章
驻足静思的"我"

的《诗篇》中的"请教给我们数算自己的日子,赐予我们智慧之心"这句话,讲了下面的观点。

乔尔达诺指出,新冠肺炎流行时期,人人都不停地数算、计较着各种各样的事情。的确,人们总是计数着感染者、康复者和死者的数量,还有危机还剩多少天能够过去,尽管算也是白算。

即便不是新冠疫情时期,人们在生活中也动不动就会计较、计算。为了度过一个稳定的人生,我们需要获得多少年收入。为此,我们又得上一个大约什么水平的大学,以及还能活多少年,必须得存够多少钱,等等。

"《诗篇》或许是在教大家计算一些与此不同的事情吧。请教给我们数算自己的日子,让每一天都过得有价值——这或许才是那份祈祷的真意。"

我认为,为了让每一天都过得有价值,计算日子是没有必要的。

作家小田实在病床上翻译了《荷马史诗·伊利亚特》。可能很少有人知道小田实在大学里原本学的是希腊文学。

小田实已经没有时间将该书全文翻译完了。因此,只有第一卷的译文被刊登在了杂志《昂》上（2007年7月）。在以写小说为主的诸多活动中，小田实一直到晚年也并未将希腊语的知识忘记。我深知这是一件非常辛苦的事情。

最让我吃惊的是小田实，他竟然在病床上进行这一翻译工作。小田实虽然说他所进行的"不是学者般的翻译工作，而是文学爱好者的翻译工作"，但我认为这也很有意义，因为如果不查阅辞典并参照大量已有的注释，一行书稿都翻译不下去。这项工作即便是在健康状态下进行也会给人带来强大的压力，何况小田实是在病床上进行的翻译工作，这令我大为震惊。小田实最后记述道："我现在躺在病床上，处于无法手术的癌症晚期。用英语说就是处在一种'His days are numbered'的状态。这是最后的卧床时期。"

"那么，大家请多多保重！"

小田实非常清楚自己的身体状况，所以算好了人生剩下的时日。倘若不是翻译而是进行创作，或许情况就不一样了，因为翻译一开始便能够看到目标。即便再怎么努力，一天能够翻译的量也是有限的。

也许那时的小田实时刻都在想着自己还能活多久，为

第二章
驻足静思的"我"

了完成翻译任务,每天必须要翻译多少页书稿。

不过,即便不是翻译任务而是创作任务,情况也会差不多。越是看不到目标,越是时间有限,压力就会越大。于是,人们就会考虑究竟什么时候才能完成这项工作。萨默塞特·毛姆说过,年轻时因为太耗时间而避开的一些工作,老了之后才有时间坦然投入其中。这与普遍认知正好相反。老年人往往认为人生有限,于是便不愿着手去做一些重大工作。此外,大家往往认为年轻人还有很长的人生,所以会动手去做一些重大工作,但实际上,与老年人不同,年轻人即便有充足的时间,也会以人生有限为由逃避自己所面对的工作。

为什么会这样呢?因为年轻人往往会去计较、盘算。老年人一般能坦然接受余生不长这一事实,所以并不太会去计较、盘算。着手去做的工作即便完成不了,那也属于预料之内,恐怕也不会因此受到他人的责备。如果是年轻人,就不一样了。如果年轻人没有完成已经着手的工作,很可能就会被责问,明明有时间为什么要半途而废。

小孩子一般也不会去计较、盘算。虽然有时会屈指数着生日或圣诞节还有几天到来,但画画的时候却会很专心,完全不会计较学会骑自行车要花费几天时间之类的事情。不久,那样的孩子也开始计较起来。学校生活会变成为未来而做的准备。

究竟能否不计较地活着呢？

据库伯勒·罗斯报告称，脱离死亡深渊进入接受期的患者往往会说知道时日不多反而是一种幸福。我认为说幸福有些言过其实了，但人在死亡边缘还是会盘算着自己还能活几日，然后按照那种盘算，在自己深爱的家人或朋友的围绕下安详地告别人世。但如果不能那样去世的时候，或许有人就会感到不知所措了。

人并非故事一结束便消失退场的电影或电视剧中的人物。即使进行各种计较、盘算，人生也不会按照自己的意志发展。恐怕不会有人因为没有在预想的日子离开人世便感到绝望。那之后这样的人或许就会停止计较、盘算。

在陀思妥耶夫斯基的《白痴》中，梅诗金公爵讲述了一个死囚的故事。这个死囚在即将行刑前因遇到特赦而罪减一等，最终免受死刑，但在被宣告枪决之后的二十分钟时间里，他坚信自己必死无疑。

在本以为死刑执行还有一周的时候，某日清晨，死囚被看守人员从睡梦中叫醒，被告知九点钟就要行刑。他对这突然到来的宣告深感茫然无措。

第二章
驻足静思的"我"

当这名死囚得知自己活着的时间就只剩五分钟的时候，他竟然觉得这五分钟的时间是一段无限长的时间，简直就是一笔莫大的财富。于是，他决定对这五分钟做如下分配：首先，用两分钟与朋友道别，然后花两分钟最后再审视一下自己，剩下的时间便用来看看周围的风景，全当与这个世界告别了。死囚近乎执拗地凝视着教会银色房顶上闪着的耀眼光芒。

据这名死囚讲，当自己马上要死的时候，最痛苦的是脑海中不停地闪现出这样一种念头："如果死不了会怎样？！如果捡回一条命会怎样？！那将会是无限长的时间！并且，那无限长的时间完全属于自己！如果是那样，我将会把每一分钟都视作一百年那样去珍惜，好好计算且利用好每一分钟，再也不浪费一点儿时间。不，任何东西都不浪费！"

也就是说，这个死囚在被执行死刑之前的五分钟里，如果能够被免除死刑，他将会在今后的人生中"精打细算地过好每一分钟"。

被免除了死刑的男人后来怎么样了呢？被赐予了无限长的时间之后又怎么样了呢？据说他也并没有精打细算地利用时间，仍然浪费着时间。这个死囚的话很真实。能够不那么精打细算地活着其实是一种幸福。

三木清说成功是量一级的，而幸福则是质一级的。极其渴望成功的人遇事会不停地计较、盘算。而幸福无法计算。

退出竞争

计较、盘算也许是高效生活的一种需要，但活得太过紧张也没有什么意义。爱计较、盘算的人往往会与人竞争。我高中时代就连偏差值这个词都没有听到过，直到上了大学去做家教，听到学生的父亲一边拿着报考手册一边通过引证偏差值来决定孩子未来之路时，我才第一次听说。

这位家长并不是在分析孩子在大学想要学什么，而是在依据偏差值来决定孩子要去哪所大学。并且，由父亲去决定孩子的未来之路，这也太奇怪了。幸好，我教的那位学生很明智，对父亲说："这是我自己的人生，所以，请让我自己来决定。"听了这位学生的话，我才放下了心。

年幼的孩子往往想要站起来行走，阿德勒将之称为"优越性追求"。

第二章
驻足静思的"我"

但问题是父母常常只会关注孩子出生后需要几个月才能站立行走，并与其他孩子进行比较。除了站立行走，语言能力的发育也不能进行比较。我的一位朋友在他四岁之前都没有说过一句话。我原本认为他的父母一定会非常担心，但他却说自己的父母根本不担心。那样的父母也许并不多。

这里我要讲一件接送孩子去幼儿园的时候发生的事情。有一天，我看到教室的黑板上写着孩子们的体重，一问老师才知道这是班级在举行体重竞赛。但发育存在很大的个人差异，幼儿园搞这种体重竞赛真是很奇怪。不会有父母为了不让自己的孩子输给其他孩子而尽可能地让孩子多吃东西吧？

其实，比成绩也跟这一样奇怪。成绩的差异其实仅仅说明有的孩子学得快，有的孩子学得慢，其中并无优劣之分。但在规定时间内参加考试并按成绩划分等级的当今教育环境下，竞争往往被视作理所当然的事情。

阿德勒的学生莉迪亚·基哈说："竞争很常见，但却并不正常。"基哈说阿德勒所讲的优越性追求往往给人一种"自下而上攀登梯子"的印象。因为梯子很狭窄，所以为了向上攀登就必须将已经在上面的人拽下来。

因此，基哈试图用"前后"，而不是"上下"来解释优越性追求。基哈说优越性追求就好比大家在同一个平面上行走，有人走在前面，有人走在后面。基哈认为如此一来便不会令人们想到竞争，但或许也会有人将走在前面视为优秀。

我因心肌梗死住院的时候，很快便开始了康复训练。我慢吞吞地走在连接病房楼的走廊里，后面的人纷纷赶超了过去。即便我自己想要走快，脚也迈不动。虽然我拼命努力以便能够像以前那样行走，但并不是为了赢过别人。

学习也是一样，一旦要与人竞争，就会立即变得无趣起来。学习的目的是要探索未知，所以，学习应该是件愉快的事情。可为了掌握在规定时间内解答问题的技巧，学习者往往不会花时间去认真思考，因此，学习的喜悦也就随之消失了。

竞争的社会不会为失败者考虑。学习或工作中讲求的也是结果。很多人认为如果没有好的结果学习或工作便毫无意义。

我们应该怎么办呢？只需要退出竞争就可以了。参与竞争的人都想要获得成功。但是，其实我们也可以不去追求什么成功。

我年轻时一心想要在大学里教书，所以便专心致力于写论文之类的研究。可自从母亲因脑梗死病倒，我必须照顾母亲，不再去大学的时候开始，就不再觉得从事哲学研究有什么太大的意义了。虽然太过幼稚，但那之后便一直只做自己喜欢的事情。对此，我并不后悔。

没有无用的学习

人们常常会说，一旦年纪大了，很多事情都会无法做，因为不仅是行动方面，记忆力也会变差。但我自己从未那样想过。

学习方式或学习内容或许会与年轻时有所不同。也许我们的确不再有年轻时那么好的记忆力，但即便如此，我们再也无法重返年轻了。所以，我们只能想办法与现在的自己构筑起新的关系。

我们现在与年轻时最大的不同就是不再参与竞争了。即便去学什么，我们也不会被评价了。近年来，我一直在学习韩语，但并不是为了参加什么鉴定考试，仅仅是为了每天读一读自己喜欢的作家的小说或随笔。

不去理会竞争，一心只为学习，这一点年轻人或许无法做到，因为在他们看来，学到的东西势必要被评价。即使学习了，如果没有考上大学也没有什么意义。对于持这种想法的人来说，学习原本应该是一种喜悦的事情，但为了通过考试或者取得某种资格则常常会感到痛苦。对那样的人来说，学习是为了与他人竞争。

不过，即便是为了考试而学习，如果不将其视作竞争，也会令人愉悦。而且，即便没有通过考试，所学的东西也不会因此就变得无用。

我曾在高中的护理科和大学的护理系教过很长时间的书，时常会有原本以当护士为目标而学习的学生在学了几年之后提出要退学的。

我仅仅是作为外聘讲师每周去上一次课，所以从未见过学生的父母。但经常遇到班主任来找我商量学生提出退学的事情。这种时候，我总是回答说，没有理由说人生之路一旦决定后便不可以再改变了。

我有时也会怀疑教师是否真的在为学生的人生着想。对于学校而言，通过国家考试的合格率是很重要的，因为那关系到社会对学校的评价。如果学校的介绍里写着通过国家考试的合格率是百分之百，那么考生的父母就会愿意

第二章
驻足静思的"我"

让孩子去上那个学校。当然，考生本人或许也更愿意在这样的学校学习，以便将来能够成为一名护士。

在决心退学的学生中，也有学习比较困难且成绩不佳者。可倘若是学校方面的原因，优秀的学生突然提出退学，对学校来说或许是件很麻烦的事情。

当然，与学校状况无关，如果是热心的教师，当自己教的学生提出要退学的时候，或许不会轻易表示赞同。

教师也许会跟学生说如果现在放弃，之前学的东西就都没用了，或者是现在再开始学习新东西会很辛苦。但我对教师说："可是，你不也是辞掉护士工作当了教师吗？"

护理学校或护理大学的教师很多都是在医疗一线工作过很多年的护士。

"我现在是在教授作为护士从事临床工作时需要的知识和经验，所以，并没有浪费之前学的东西啊！"

在医疗一线工作与在教育一线工作是完全不同的两码事。在医疗一线掌握知识，与将其教给学生，其中也是有差别的。这就如同并不是因为日语是母语就谁都可以教授日语一样。

"难道想要退学的学生就不能将之前学到的知识灵活

运用到以后的人生中吗？"

我这么问的时候心里产生了下面这一想法：

要当医生或者护士，必须记很多东西。在国家考试中也会被问到那些知识。倘若退学，那些为了备战国家考试而记的知识或许就发挥不了作用了，但教师并非仅仅只教授那些知识。教师或许还会将自己临床工作中的经验教给学生，他们可能也会认真倾听。

教师作为护士进行临床工作时学到的也并非只有医学知识，还会有很多其他的事情，比如如何与患者搞好关系，以及人应该如何接受死亡等。倘若教师在授课时讲了那些事情，学生从中学到的东西即便不当护士而是作为社会人或者作为父母生活的时候，也会发挥重要的作用。

也确实会有学生方面的问题。即便教师将自己在临床上学到的重要人生经验教给学生，有的学生也只会关心与国家考试相关的学习。

我曾在大学的护理系教授生命伦理课。在日新月异的医学世界，很多不久之前还做不到的事情不久便能够做到了。脏器移植或许也会被更加广泛地开展。但是，未必因为能够做到就可以去做。比如，生命伦理就会处理这方面

第二章
驻足静思的"我"

的事情。

我在课上讲授过医疗工作者如何才能与患者构筑起良好的人际关系。可是,刚入大学尚无临床经验的学生似乎并不太关心这样的事情。也有学生在我面前问一些国家考试的问题。

如果学生从大学一年级开始便只为国家考试而学,那学生或许能够通过考试,当上护士,但那些被认为是与国家考试无关的知识也许就会被全部遮蔽掉了。那些被认为与考试无关的事情也有可能会出现在考试中。那种情况下,学生只会认为自己考试不及格且当不了护士而已,恐怕也不会认为自己因为没有好好听课将来有可能会要了患者的命!

如果护理学校的学生在学校学到的并不仅仅是备战国家考试的知识,那么即使将来改变了自己的发展方向,学到的东西也不会全都无用。

人能通过学习学到很多事情。当然,学习一些之前不知道的事情也是一种生存的喜悦。倘若人能够这么想,就会摆脱竞争束缚了。

丢掉虚荣心

三个孩子都考上了东京大学的父母时不时会成为人们谈论的话题。自己也想把孩子送进东京大学的父母也许很关心究竟应该让孩子接受什么样的教育。虽然并不知道是否用同样的方式教育孩子，自己的孩子也就一定能够取得好成绩，但有的父母可能还是会拼命努力，希望自己的孩子有朝一日也能成为一名东京大学的学生。

努力的到底是谁呢？是父母吗？上大学本身并没有问题，但上大学的是孩子，而不是父母。父母一心要将孩子送入东京大学的想法，实在让我无法理解。

阿德勒说："今天，在家庭教育中扮演主角的是不断恶化的家庭利己主义。这种家庭利己主义往往过度强调自己孩子的特殊性与特权，即便这种特殊性与特权是以牺牲其他孩子为前提的，也毫不在意。因此，家庭教育正在犯的一个最大错误就是，对孩子们灌输一种必须不断向他人展示自己的优越性并自以为优秀的观念。"

一旦父母期待自己的孩子优秀，想要迎合父母那种期待的孩子就会想方设法展示自己的特殊性与优秀。为此，他们甚至会认为即使牺牲其他孩子也是理所当然的。阿德勒称这为"优越性追求"。

阿德勒说："当今的家庭教育无疑会极大地促进孩子对权力的追求以及虚荣心的发展。"

大家可能会觉得阿德勒在这里使用"虚荣心"一词有些唐突，但阿德勒说"在虚荣心中可以看到一条'向上的线'"。所谓"向上的线"就是"优越性追求"。努力使自己更加优秀，这本身并没有问题。如果好好学习，我们也会取得比以前更好的成绩。但是，这与试图通过竞争赢过他人又是不同的问题。试图通过竞争赢过他人所展示出的是虚荣心。

希望大家注意阿德勒这里所说的教育"会促进虚荣心的发展"。

首先，就孩子而言，一旦开始为了获得父母的认可去学习，虚荣心就会增长。是否学习是由孩子自己来决定的，父母无法强令孩子学习。希望孩子好好学习，希望孩子取得好成绩，希望孩子考入名牌大学，这都是父母的课题。但是，父母不能让孩子来解决父母的课题。父母不能对孩子说"我希望你考个好大学，所以希望你好好学习"。孩子不必为了满足父母的期待而学习。

一旦开始努力获得认可,孩子的精神压力就会增大。

希望获得父母的认可的孩子往往会很紧张。阿德勒说,如果孩子能够像父母期待的那么优秀,那么我们就能从很小的孩子身上看到一股骄横劲头,也能预想到孩子长大之后可能会在职场上用权力压制他人。这一点我在前面已经分析过了。

即便再怎么长大,我们也会无意识地想起自己的家庭状况,并且会以现在对待家人的态度和方式去对待所有人。

在父母渴望孩子优秀的家庭中,孩子简直可以说是国王,只要肯学习,什么特权都能够享受。被大家这样捧着成长的孩子长大之后会认为周围人理所当然应该满足自己的期待。

这种压力会促使人清晰地瞄准权力和优越性目标,并努力朝那种目标靠近。那样的人生往往会渴望获得重大胜利。

问题在于无法取得"胜利"的时候。满足不了父母期待的孩子往往会被父母放弃。阿德勒指出,如果是积极型的孩子，可能会公然反抗父母；如果不是积极型的孩子，往往就会消极地离开不欢迎自己的世界，去过一种孤立的生活。

人际关系本来就很麻烦，因此，正如阿德勒所言："一切烦恼皆为人际关系的烦恼。"想要尽量不在人际关系中受伤的人往往会试图逃避人际关系，这在某种意义上也是理所当然的事情。

可现在的情况是，很多人会因为他人满足不了自己的期待便想要去逃避人际关系。

生存的喜悦和幸福只能在人际关系中去获得。所以，那些认为自己无法满足父母的期待的孩子就会逃避人际关系，就无法获得幸福。在这个意义上来讲，父母渴望孩子优秀会妨碍孩子获得幸福。

当然，或许有的孩子的学习与父母的期待并没有关系。但是，即便不是为了满足父母的期待学习，那样的孩子往往也会想要让包括父母在内的许多人认为自己很优秀，并试图在竞争中获胜。但是，为了与他人竞争并获胜而进行的学习并没有太大意义。

其次，父母的虚荣心也是一个很大的问题。

三木清在《现代的记录》中写道:"一些妇人热心教育倒是好事,但热心一旦搞错方向,反而会造成不良影响。就好比在东京的很多小学,妇人们几乎每天都会涌到学校去。可她们脑子里想的不是班级里的所有孩子,而只是自己的孩子,并且特别想让自己的孩子升入高一级的学校。她们的希望就是将自己的孩子送入普遍认为的'好'学校或者名校。希望将孩子送进好学校,一方面表现了我国国民素质的进步,另一方面也暴露了这些妇人们的虚荣心问题。其实她们并不怎么考虑孩子的素质之类的事情。"

或许也会有父母希望孩子能够尽早摆脱应试之苦,但如果想一想孩子之后的人生要经历的种种辛苦,便又会觉得考试之类的事情根本不算什么了。

有次坐电车时听到同车的母亲问年幼的女儿:"你知道佛龛怎么数吗?"孩子马上回答:"一件、两件……"对年幼的孩子来说,佛龛的数法在日常生活中并不需要,所以,我对此感到很吃惊。正在此时,母亲接着问道:"那么,小船呢?"于是,我便猜到这位母亲为什么要问孩子这些问题了,也许是小学入学考试会出这样的问题。

看着这对母女,我真希望眼前的这位母亲能够认真想一想她是不是正在为了自己的虚荣心而牺牲掉唯有当下才能够体验到的宝贵的亲子时光。

哲学家亚里士多德说："教育在顺境中是装饰品，在逆境中是避难所。"教育并非孩子以后作为精英人物踏入社会时修饰自身的"装饰品"。当然，教育也不是供父母炫耀的东西。日日刻苦学习是为了获得足以在当今危机状况中活下去的力量。当然，也并不仅仅是为了自己而学习。

信赖他人

看了法国电影《不能说的小秘密》，我想起来自己也曾有一个不能对任何人讲的秘密。

之所以写"曾有"，是因为我已经下决心将这个原本打算不对任何人讲的秘密说出来，而下定这个决心足足花了我十年时间。

我的母亲很年轻便病倒了。父亲白天要在公司上班，所以，当时还是学生的我便去陪伴住院的母亲。那时我也不去上课，每天有十八个小时都待在母亲病床边。

虽然每天在母亲病床旁待那么长时间,但她临终时我却没能陪在身边。母亲去世的那天我也在医院,但并不在病房里。虽然接到了母亲病情突变的通知,却没能赶上。明明在一起待了那么长时间,为什么那时候就不在母亲旁边呢?我后悔了很久。

父亲问我母亲最后走的时候怎么样,我不由自主地撒谎说母亲走得很安详。我没有办法告诉父亲她临终时我并不在场。

我原本打算就这样守着这个"秘密",谁也不告诉,但后来却想将它公开了。为什么会那么想呢?

因为,我原本认为自己当时之所以撒谎是因为担心父亲如果知道母亲去世时没有家人在身边会难过,但其实并非如此。

之所以隐瞒实情,是担心由于母亲临终时自己不在旁边而被父亲责备。我当时考虑的并不是父亲,而仅仅是自己。

不能说因为母亲临终时身边没有家人便是我的错,而且,即便父亲知道之后悲伤难过,那也应该是由父亲自己想办法去解决的课题。所以,我没有必要为了不让父亲难过而隐瞒实情。现在父亲也已经去世,对于他当时会如何

第二章
驻足静思的"我"

接受事实,我已经无从得知,但如今想来至少父亲应该不会为此责备我。

当时之所以认为父亲会责备我,是因为那时我无法信赖父亲。如果换我站在父亲的立场,孩子都陪在母亲病床边那么长时间了,肯定也不会因为最后没在母亲身边而横加责备。

那时候,我和父亲的关系还称不上好,但即便那样,父亲当时也并不想与我失和。我那时太在意父亲会怎么看自己了。

当明白即使讲出实情也不会因此失去任何人的时候,与他人之间的关系就会发生变化。他人不再是一有机会便想要陷害自己的可怕之人,而会变成如果有需要就会试图帮助自己的同伴。有时候,弄明白这一点也需要花费很长时间。

前面提到的那个电影中的主人公是一个不会骑自行车的自行车店的店主。他之所以不能对任何人讲明这件事,是因为他的自卑感。虽然有人会因为不会骑自行车而感到自卑,觉得自己低人一等,但并不是因为不会骑自行车便不如他人。

也许很多人会对不会骑自行车这一事实感到意外,但恐怕也并不会觉得这是一个不能对任何人讲且必须带到坟墓里的大秘密。对他人来说，这只是一个"小秘密"。

自卑感是人的一种主观感受，一旦当事人感觉自己不如别人，即便别人说不会骑自行车也没关系，恐怕当事人也无法轻易接受。但我还是希望大家能明白，并不是谁都会因为不会骑自行车而产生自卑感。

并且，即使父母让孩子学骑自行车并期待孩子早日学会，孩子也并没有理由必须满足父母的期待。因为，人并非为了满足他人的期待而活，即便那人是自己的父母。当被父母或周围大人不断催促尽快学会骑自行车但自己却总是不会骑的时候，被人强加给的理想和现实之间的差距往往会令人产生自卑感。

我儿子上了小学还是不愿骑自行车。一般情况下，父母早就会劝孩子骑自行车并陪其练习了，但由于儿子什么都没说，所以我便一直任由他那样。

儿子似乎并没有因为不会骑自行车而感到苦恼。但有一天，他突然说想要骑自行车。原来，他一个要好的朋友转学了，为了和那个朋友玩，他必须骑自行车去他家。

自卑感往往存在两方面的问题。一方面的问题是，存在自卑感的人常常会认为只要没有了自卑感人生就会很顺利。但实际上,自卑感并不是导致人生不顺利的原因,并不会因为我们学会了骑自行车人生就有所好转。对此,阿德勒使用了"表面因果律"这个词。所谓"表面因果律"就是实际上并无因果关系的事情却认为其存在因果关系。

并不仅仅是自卑感,很多人会说过去的某种经历给自己造成了心理创伤,对这样的人来说,现在生活痛苦的原因就是那种经历。但是,正如有人会因为不会骑自行车便产生无法对人讲的自卑感,但也有人对此毫不在意一样,即便经历相同的事情,有人也不会因那种经历形成心理创伤。无论是自卑感还是过去的经历,都可以被人当作逃避自己现在所面对课题的理由。

另一方面的问题是,存在自卑感的人认为必须满足他人的期待。但这在很多情况下都只是本人的自我感觉。实际上,可能父母会期待你学会骑自行车,但并非人人都对你抱有那种期待,可自己却觉得所有人都期待自己学会骑自行车,并因为不会骑自行车而烦恼。之所以那么烦恼,实际上是因为这类人认为自己活在世界中心。认为自己就活在世界中心的人最终只会关心自己。

心中隐藏着自卑感的人又该如何生活呢?

首先,就像前面看到的那样,这类人需要信赖他人并敞开心扉。恐怕没有人会因为你敞开心扉便小瞧你。即便有人那么做，你也只需要不去与那样的人来往即可。

其次，这类人要想办法将自卑感朝建设性方向升华。自卑感并不需要保密。即便有做不到的、不擅长的事情，如何利用被给予的东西才是关键。

在从小便立志成为音乐家的我的朋友们中，很多人都不骑自行车。他们都觉得为了弹钢琴不可以让手指受伤。实际上，他们也可能是因为不擅长运动。并不擅长运动的我就会骑自行车，所以，不会骑自行车与运动神经可能并无关系。那些认为自己不擅长运动的人或许会转而投入到喜欢的音乐之中。

因为那么想而能够全力投入到自己喜欢之事的人往往能够摆脱自卑感。《不能说的小秘密》的主人公虽然不会骑自行车，但很擅长修理自行车。

我儿子虽然学会骑自行车了，但如果他的朋友不转学，他或许还不会想要骑自行车。并且，即便是不练习骑自行车，也不会骑自行车，可能他也不会为此而产生自卑感。

为了满足他人的期待而活的人无法活出自己的人生。

第二章
驻足静思的"我"

无论能做什么还是不能做什么,人的价值都与之毫无关系。重要的不是被给予了什么,而是如何去利用被给予的东西。

周二也很糟糕

周一总是让人很郁闷。我从未有过怀着"哎呀,假期终于结束了,今天开始又可以去上班啦"之类的心情,也没有意气风发、精力充沛地去上班的情况。在从事专职工作之前,我在经济上虽然不够宽松,但却能够自由地支配时间,便没有过这种情绪。

任何情绪都有其相应原因,而并非只是产生的一种结果。周一去上班的时候,或许确实有很多人会感到郁闷,但也未必人人如此。

收录于汤姆·琼斯短篇小说集中的一篇作品引用了《Stormy Monday》中的歌词:They call it stormy Monday, but, Tuesday's just as bad.

村上春树将其翻译为:"虽然大家都说周一最糟糕,但周二也一样糟糕。"

周一时感到郁闷的人或许会举出各种各样的理由，但并不是因为是周一而一切变得郁闷，也并非因为到了周二工作内容便发生了变化。

我从未见过儿子不开心。有一次，我问了儿子这样一个问题："你的情绪不怎么波动吧？"

我猜想儿子可能会回答"倒也并非如此"，但他却立即回答"的确如此"。

任何心情都是自己制造出来的。开心愉快如此，沉重郁闷也是如此。

无论是刚睡着就被吵醒时还是周一早上去上班时，倘若能够自己选择心情，或许也就不会那么不开心了。

阿德勒这样来阐述"情绪不稳定者"："即便是关于那些对待人生及相关课题的态度过度依赖心情的人，心理学如果认为那是一种先天现象的话，也是不对的。那些现象全都属于野心太盛并因此而性格敏感的人，这样的人对人生不满意的时候，就会寻找各种各样的逃避方式。这种人身上的敏感天性就像是伸在前面的触角，在决定态度之前，他们会先用它探察一下人的生存状况。"

或许并没有一直不开心的人。因为人既有开心的时候

第二章
驻足静思的"我"

也有不开心的时候。但问题在于心情为什么发生变化。在涉及"人生及其相关课题"的时候,有些人会根据需要去改变心情。那样的人"对人生不满意的时候,就会寻找各种各样的逃避方式",试图以心情为由逃避人生或相关课题。

他们并不是一开始便决定要逃避课题。就像不安的人一样,他们在人生课题面前往往会采取"犹豫不决的态度",但情绪不稳定者往往比那些不安的人更积极一些。"触角"伸在前面,用它去探察状况,瞬时判断出是否要去面对课题。一旦无法向前进展,或者决定不向前进展,他们马上就会变得不开心起来。

情绪不稳定的人开心的时候倒也还好,一旦不开心,周围的人就要提心吊胆地与之接触。当然,他们也正是以此为目的才变得不开心的,一旦像这样心情变得低落郁闷,就能够以此为理由不去致力于课题。

本来我并非那种逃避上班的人,但如果心情如此不佳,就无法上班了。为了这样来说服自己继而下定决心不去上班,就需要制造出一种郁闷心情。

心情郁闷地挤在满载乘客的电车上去上班的人为什么去上班呢?或许是为了让自己觉得如此郁闷但却依然坚持

去上班的自己很了不起，又或许是虽然不能旷工但却要通过制造一种郁闷心情来告诉自己实际上并不想去上班。这两种情况都不正常。其实，他们或许可以活得更加独立、更加自我。

倘若决定不去上班，直接请假即可，倒也不必制造出一种郁闷情绪。当然，如果不去上班，也许会因此失去上司的信赖，并且，再去上班的时候或许还得处理那些只能由自己来完成的工作。这些都是与请假相伴而生的责任。既然不去上班，就只能由自己来承担相关责任。

虽说郁闷情绪是由自己制造出来的，但是否即便产生了那种情绪也可以继续工作呢？怎样才能享受工作呢？如果去上班，可以在上班路上尽量不去想上班的事情。

休息日的时候我们也可以暂时忘掉工作，好好享受假期。上班途中我们也可以忘掉工作的事情。一旦到了公司，我们可以郁闷，但也可以不郁闷。如果去上班，有时也并没有自己原本想的那么厌恶工作，也未必每天都是单一的枯燥重复。

在《Stormy Monday》的歌词中，"最糟糕"用的是"stormy"一词，意为"暴风雨般的"。但是，暴风雨并不等于"最糟糕"。今天会有什么样的暴风雨在等着我们呢？我们也可以欢欣以待，甚至可以不去等待，而是直接投入其中。

三木清说："开心、谦和、热情、宽容等，幸福常常会以不同形式展现于外。正如不写诗的诗人并非真正的诗人一样，单单是内心的幸福或许也并不是真正的幸福。幸福需要表达。就像鸟儿歌唱一样，自然而然流露于外并给他人带来幸福的东西才是真正的幸福。"

如果自己开心，就能够给他人带来幸福。如果自己不开心，就会连带他人跟着不幸。如何选择，完全可以由自己来决定。

正视现实

开始照顾生病的父亲是在我做了手术尚不能像以前那样每周只有两天去做外聘讲师的时候。

幸好冠状动脉搭桥手术很成功。手术的时候并未输血。经验丰富的主刀医生将出血量控制在了最小范围内。术后第三天我就可以下床走动了，但由于并未输血导致贫血严重而步履蹒跚走不好路。即便如此，我还是康复得很快，早早便能够出院了。

记不清是父亲第几次住院了，反正是在冬天。寒冷的天气令我的身体瑟瑟发抖。无论是每天去父亲那里还是经常去医院都很辛苦，但此生能够有机会照顾父亲还是令我感到非常可贵。

某日，看望完父亲回家的路上，我像往常一样乘坐电梯。当电梯停在三楼时，一位只在睡衣外面披了件毛衣的老年人上了电梯。平常我并不怎么与人搭话，但那时不知怎么就问了一句"您是在这住院吗"。

老年人回答道："今天入的院。两年前做了胃癌手术，但还剩一点儿小东西需要处理一下。我要去医院里的小卖部买一些手术时需要的物品。"

换作是我，恐怕仅仅听到"胃癌"二字就吓得站不稳了，但这位老年人却那么从容，这令我大为惊叹。也许是检查时发现了"一点儿小东西"，但我想她肯定也是一位能够认真倾听身体呼声的人。

而我又是怎样的呢？明明身体状况已经很差了，但还是不愿去看医生。因为不想去看了医生之后被告知一个可怕的病情。此前我的身体已经发展到步行至车站都得花费数倍于平时的时间的状况，显然身体已经出现异常了，但

第二章
驻足静思的"我"

我依然不愿去回应身体的呼声,还自我安慰地将这种状况解释为可能是缺乏运动导致的体力下降,根本不想去理解自己身体所发生的异变。我完全没有想到自己会患心脏病。身体出现异常的时候,我的冠状动脉已经很狭窄了,心肌梗死则是因为冠状动脉完全被堵塞了。

有时候,我会突然觉得有人在看自己,于是便抬眼望去,这时就会惊讶地发现确实有人在看自己。这种情况下,我们会四目相对。同样,即便能够回应身体的呼声,但那势必也会比较迟缓。

我们要尽可能地早点注意到身体发出的呼声,并且在注意到的时候一定要尽快采取措施。为了能够做到这一点,我们必须认识到即便平时再健康也有可能会生病。如果随时做好倾听身体声音的准备,那么当有情况出现的时候就可以尽早察觉到了。

我们没有必要跟自己生病的身体作斗争。疾病对自己来说是无法对其进行属性化的他者,但并非敌人。我因为幸运地保住了性命,所以更加投入地进行康复练习。

康复练习并不单单意味着身体机能的康复训练。康复练习一词的拉丁语词源是"rehabilitare",它的意思与其说是恢复原样,倒不如说是再次赋予能力。所以,即便是在难以完全康复的时候,我们也要进行康复练习。

倘若进行康复练习仅仅是为了恢复身体机能,一旦我们知道了无法恢复便很容易中止训练。但是,即便身体机能再难以恢复,我们也不可以停止康复练习。不是"再次"恢复身体机能,而是"重新"与身体建立关系。

据说因脑梗死病倒的免疫学者多田富雄某日突发奇想。手脚麻痹源于脑神经细胞坏死,所以,绝对无法恢复到原来的状态。倘若机能得以恢复,那也并非神经细胞恢复到了原来的状态,而是被重新再造了出来。多田富雄将这解释为另一个全新自我的诞生。虽然身体现在孱弱而迟钝,但一个潜藏着无限可能性的新人正在多田富雄体内萌动。那是一个被束缚着的沉默巨人。一个新的人逐渐出现。虽然原来的自己不会恢复,但新的生命在身体各处逐渐诞生,多田富雄对此充满期待。

这或许并不仅仅意味着新的神经细胞被再造出来。即便无法再恢复到生病之前的健康状态,但也可以与身体建立一种新的关系。健康的时候,我们或许完全意识不到自己身体的存在。可一旦生病,身体就会支配我们。如果出现持续性痛苦,我们的意识就很难不去关注身体。

与康复时的身体之间的新型关系不属于这两种情况中

的任何一种。这种状态是，即便身体并未完全恢复（即使将来也无望恢复），我们也并非处于一种被身体支配的紧张关系之中。我们可以思考如何积极地与身体相处，即使生病了也可以决定如何活着。

同样的道理也适用于衰老。老了之后，我们不可能再像年轻时一样自由自在地去做任何事，我们也不会再回到从前，但却可以融入与身体之间的一种新型关系之中。无论是生病还是衰老，我们都无法再找回原来的自己。

变化的不仅仅是我们与自己身体之间的关系，与他人之间的关系也会发生变化。

初中时，我曾有一次因交通事故住院。那时，由母亲来照顾我。我已经不记得当时都和母亲说什么了。夜里我都能听见高空中飞过的飞机的声音。那时的我已经是一名初中生了，不曾想母亲夜里还能一直陪着我。那时的我心理会有一种安全感，就像是小时候夜里醒来时确认母亲在旁边之后便再次安心入睡时一样的安全感。

在出院之后刚开始去上学的时候，会有一位同学在放学回家的路上帮我拿书包。不过，他第四天就完全忘记了要帮我拿书包这件事，还为此跟我致歉。在过了半个多世纪之后又听到同学讲起这件事时，我才记起确实有这么一回事。

因心肌梗死住院时，我深入思考了人的价值。我认识到即便因为生病什么都做不了，人也可以通过活着做出贡献，尤其想到了我的父亲。父亲在我病倒前经常给我打电话，经常跟我诉说他身体不舒服，声音也虚弱无力。

可是，在我生病之后，父亲一下子振作了起来，就好似忘记了他自己的病一样。我也非常明白父亲的心情，父亲认为孩子一旦生病，自己就必须振作起来。从这个层面来说，我并非仅仅令父亲担心，也唤起了父亲的生存意志。

不久，我开始将注意力转向自己的病，也就不怎么去考虑父亲的事情了。父亲也不怎么给我打电话了，也许是考虑到我生病，怕打扰到我吧。在这期间，父亲的认知症进一步发展。注意到这一点是在我接受冠状动脉搭桥手术的两年之后。虽说我与父亲分开住了，但也应该更早察觉到才对。为此，我深感羞愧。不过，能够待在父亲身边照顾他，这对我来说又是一件值得庆幸的事情。

虽说是照顾父亲，但不久父亲除了吃饭便总是在睡觉。

有一天，我问父亲："如果您整天都在睡觉，我不来

第二章　驻足静思的"我"

也可以吧？"

父亲回答："那可不行。因为有你陪着，我才能够安心入睡。"

即便什么都不做，自己仅仅活着就有价值，教给我这个道理的是父亲。

随时可变的"我"

> 过去的痛苦经历无法抹掉，但如果"现在"变了，过去就会随之发生变化。

活着即变化

以前居住的家在车站附近。居家办公的我很少一大早外出。而如果因为工作早晨必须外出，我常常会与那些匆匆走着去市政府上班的人擦肩而过。

我曾想这些自年轻时起便每天都在同样的时间到市政府上班的人肯定有着不一样的心态。有些人或许找不到工作中的喜悦感，每天只会按部就班地往返于自己的家和工作单位，但却会觉得生活还可以；而有些人可能并不满足于现在的人生。

我曾在朝着市政府走去的人群中看到过一位每天从自己的家到医院去的医生。那位医生每天的接诊量很大。有一次，我见到了隔了二十年没见的那位医生。看到那位医生的时候，我吃了一惊，因为他已经是一位年老的医生了。当然，那时的我应该也已经成了一位老人。

第三章
随时可变的"我"

那时的我应该不会像这位医生一样每天仅仅只会往返于自己的家和工作单位。

有人会对这种单调的岁月更迭和年龄增长感到不安。但是,我们也不可能"仅仅只是"岁月更迭和年龄增长。

或许谁都没有想到过会发生影响如此巨大的新冠疫情。我的生活也发生了很大变化。我不再因为工作与人见面,有时甚至会好几日都不外出。我以前还常常为了演讲在国内外奔波。也有很多人因为失业或公司倒闭而经历了生活变化。

不知道那些不满足于仅仅过徒增年龄日子的人是否能够度过一个平稳的人生。倘若能够度过一个那样的人生,那也是一种侥幸,是一种偶然的幸运。

即便没有发生完全不可预料的重大事件,原本健健康康且每天都会精力充沛工作着的人有时也会突然生病,继而完全看不到未来的人生。

活着即变化。人无法一直停在同一个地方。

森有正在随笔中这样描写巴黎圣母院后面公园里种植的欧洲七叶树树苗的成长姿态。

"巴黎圣母院里的树苗不知不觉间已经成长了数倍。

刚刚还在眺望着的、缓缓溯流而上的大舢板船，不知不觉便在上游消失不见了。那里给我留下了深刻印象，那实在是一副百看不厌的风景。因为，我的内心深处有某种东西会与之相呼应。"（森有正，《在旅途的天空下》）

每天都看着那棵树是看不见它的成长的。但它会不断地成长，在不知不觉间长大。在塞纳河上溯流而上的舢板船也是一样。

森有正说那是"百看不厌的风景"，但如果是每天都匆忙度日的人，就不会与自己内心缓缓发生的变化产生呼应，因此，可能也就注意不到缓慢运动的事物。

森有正将这看不见的变化称为"变形"。

无论生活中是否有大的变化，察觉到日常生活中的细微变化将会改变我们慌乱不安的日常生活。

有一次，我傍晚乘坐电车时恰巧看到了夕阳西下。我屏息凝视着那个无限的美景。但那时电车上的很多人却都在睡觉或者看手机，似乎完全没有注意到夕阳的存在。

旅途中看到的夕阳似乎格外美丽，但其实日常生活中看到的夕阳也很美丽。然而夕阳也不是每天都能看到。如果想要看到夕阳，我们必须在那个时间段注视着西面的天

第三章
随时可变的"我"

空。这并不简单。因为，我们并不知道自己能否恰巧在那个时间段眺望着天空。即使在家里，我们也必须看着窗外。当然，雨天是无法看到夕阳的。

母亲因脑梗死住院的时候，我每天都陪着她且必须长时间待在医院里。父亲那时还在上班，所以，白天便由当时还是学生的我来照顾母亲。父亲一般都得到傍晚下班后才能来医院。如果父亲深夜才下班回家，那我便一直陪母亲到第二天傍晚。因为不能撇下母亲长时间外出，所以，那几乎可以说是我自己在住院。每天我都在重复着同样的事情。

某日，我朝窗外一看，天空竟然下雪了。医院里开着暖气，所以，我都没有注意到季节在不知不觉间已经更迭了。

每天绝不会一样，只是我自己没有注意到。即便世界看似是相同的重复，其实也在从容而坚定地变化着。

之所以会在看似并未怎么变化的日常中察觉到变化，是因为我们身上某种缓缓变化着的东西与之发生了呼应。如此一来，我们也许便能够摆脱在日常生活中所感到的恐慌不安，并渐渐能够于缓缓流淌的岁月中体会到一种平静。

由于母亲年轻，开始时预后比较良好。因此，原本以为她很快就可以出院，但病情又出现了二次发作，那之后还并发了肺炎，失去了意识。在那之前，我还可以与病床上的母亲说说话，但在母亲失去意识之后便不能再跟她说话了。所以，我便没有什么能够特意为母亲做的事情了，也就只能在母亲的病床边看看书，或者将自己的所思所想或母亲的病情写在笔记本上。

母亲的病虽没有什么明显变化，但我知道她的病情其实是在日渐恶化的。当然，即便意识到这一点，我依然无法舍弃希望，还是觉得母亲或许哪天就能从昏睡中醒过来。

上面虽然写到恶化，但这无疑也是一种变化。不过，就跟衰老一样，在生病之后，要让我们去接受那种生命之火渐渐熄灭的变化也并不容易。就像前面看到的一样，人们往往会一方面害怕每天的生活都毫无变化，另一方面也会害怕变化。

这种时候该怎么办呢？我们只能在急剧的变化中发现不变的东西。平日里，我经常是从深夜到第二天傍晚都在医院里陪伴母亲。我不能去大学学习，觉得会因此与其他研究者拉开较大差距，但又为正因为自己是学生才能够照顾生病的母亲而感到庆幸。

周末时，我会将照顾母亲的任务委托给其他家人，暂时离开医院。周一早晨进入病房的时候我往往会心生不安。母亲的病情不会比周末时有所好转。不过，我心情虽然慌乱，但一听到母亲的呼吸声就会放下心来。

那什么是不变的呢？是母亲，而非病情，因为她才是无论发生什么都不会发生变化的存在。

当下并无优劣之分

世界时时刻刻都在发生变化。这个世上的东西无一能免除变化。但是，我们不可以对这种变化进行价值判断。

当下那一时刻的自己就是一切，这样的自己都没有优劣之分。我就只是当下"存在着"的我，现在的这个我或许以后也会"变成"与现在不同的某种存在，但任何一个自己在当时都是最好的。这里所说的好也并不是与其他时刻的自己相比而言的好，而是一种绝对的好。

有时候，人会在事后才觉得能够做出更加明智的判断。年轻时完成的作品，有时也会让人觉得稚拙并感到丢脸。但是，当时已经做到了最好，并不能由后来的自己对之加以评价。

阿德勒说:"活着就是一种进化。"孩子成长得很快。也许很多人都会将这种变化看作是进化。

精神科医生神谷美惠子称"生存充实感"与追求变化密切相连。

忙于育儿的年轻母亲往往惊叹、感动于幼小生命身上日新月异的变化和显著成长,并将之作为自己生命的发展去加以体验,所以会从中体会到一种生存充实感。(神谷美惠子,《关于生存价值》)

的确,孩子的变化和成长非常惊人。我们常常发现孩子每天都在变聪明。并且无论养育孩子多么辛苦,我们都能够通过看到孩子的成长而获得一种"生存充实感"。

但是,我在神谷美惠子的这段话中注意到其中似乎含有这样的意思,那就是,母亲忙于育儿,自身并没有变化和成长,但却满足于看着孩子代替父母在不断变化和成长。

"一旦孩子逐渐长大离开并想要独立生活,被甩在后面的母亲的生活就会变得单调起来,继而产生对变化的强烈渴求。那恰好又会赶上更年期的生理变动,有时就会产

第三章
随时可变的"我"

生一种精神危机。"(神谷美惠子,《关于生存价值》)

倘若父母将孩子的成长作为自身生命的发展史去加以体验并据此来感受生命的充实感的话,那么孩子一旦自立起来,就会发生这样的事情。

所以,父母有时并不愿意去认可孩子的自立行为,尤其担心成年孩子的工作或婚姻。我有时会建议那样的父母将自己的精力投入到工作中或者发展自己的兴趣爱好上。这样的建议也是以变化是好的为前提的。

关于老年人,神谷美惠子说:"对于已经接近生命终点的老年人来说,侍花弄草或者含饴弄孙之所以会成为极大的乐趣,或许是因为比起白白消磨时光带来的意义,年轻生命所展现出的变化和成长反而更能够当作自己的东西去感受。"

时间不停地流逝。赫拉克利特说:"人不能两次踏进同一条河流。"昨天踏入过的河流已经不存在了。那么,我是不是就不是我了呢?或许并非如此。小时候的自己和现在的自己即使姿态发生了变化,也还是同一个自己。

无论孩子的成长多么迅速,也并不是日渐变成了另外一个孩子。一旦长大,我们的成长会变缓慢,甚至看上去还会逐渐退化。我们即使有变化也不再是成长。

但是，无论发生什么样的变化，也并不是"我"变了。变化的只是"属性"。即便很多事情都做不了，或是刚刚说过的话、做过的事很快就会忘掉，这些也都是属性，而性质所从属的"我"并不会变。即便是摘掉帽子或脱掉外套，"我"也不会变。

小确幸

人们关于变化的想法很复杂。一方面，人们害怕日常生活没有变化；另一方面，人们又担心生活会因疾病等发生重大变化。其中，前者所谓的没有变化，实际上也不是没有变化，"变形"还是有的，只是人们没有注意到而已。

也许很多人会认为孩子的成长很显著，但大人的却并非如此。谷川俊太郎在《大人的时间》这首诗中说孩子每周都会变聪明一些，但大人却总是原地踏步。孩子在那期间记住了五十个单词，也能够不断改变自己，但大人却仅仅翻一翻同一本杂志。

大人岂止是不成长，随着年岁的增加还会不断老化，

第三章
随时可变的"我"

做不到的事情会越来越多。

可是,或许也可以不这么去想。成长和老化都是变化,孩子的成长显而易见,但大人也并不是没有变化,只是那种变化是森有正所说的"变形"。

人们常说年龄大了记忆力就不像年轻时那么好了,但这并不是真的。如果能够用高中时的认真劲儿去学习,或许就会发觉其实依然拥有与年轻时一样的能力。很多时候,人们只是把自己的懒惰归咎于年龄而已。

聪明与知识多寡没有关系。如果不是只知道读一读杂志或者看一看手机而是坚持认真读书学习的人,或许会觉得其比年轻时还要聪明。年龄大的人虽已积累了很多经验,但也并不能说老人只要有经验就会聪明。

因为很多事情都做不了,所以也会有人想要重返年轻。如果是带着现在所拥有的知识和经验重返年轻倒还好,但倘若是一切都被重置,必须重新做起的话,我认为还是保持现在的状态为好。

为什么人们那么喜欢变化,并且还得是成长而不是衰弱呢?因为大家往往认为不可以只是保持现状。

克里希那穆提说:"你们有没有注意到父母或老师常

常会说人的一生必须要实现某些目标,或者说必须像某些叔叔或爷爷一样成功。教育的功能就是要帮助你们不要去模仿任何人,任何时候都要做你们自己。"

人在一生中必须要实现的某些目标就是"成功"。大人常常会要求孩子不可以仅仅只是保持现状,而是要"变成"什么或者成为一名成功者。为什么不可以"保持"自己呢?

如果以父母为代表的大人不断地说必须要成功,孩子则会认为人生除了成功没有其他的选择。即便自己并不知道长大之后是否会成功,如果没有过与其他人一样的人生,也会陷入不安。

但是,人一辈子未必一定要取得成功。我们也可以选择与其他人不一样的人生。虽然在很长一段时间里我都想着去找一份专职工作,但也从未渴望在工作中取得成功。虽然这份专职工作并不是我年轻时所希望的工作,但总算有一份专职工作了。在那之前,每年一到四月,父亲就会打来电话,执着地询问我今年的工作是否稳定了。所以,我总是感到不知所措。找到这份专职工作的时候,我便想父亲这下或许会安心了。

大学毕业后去某家公司上班,对我来说并不是不行,

第三章
随时可变的"我"

但不能因为大家都那么做,我也就必须和大家一样。

我曾听说在韩国流行"소확행"这个词。这个词源于日语中的"小确幸"。它原本是村上春树在随笔中使用的词语。

在竞争激烈的大都市生活中,疲惫不堪的韩国年轻人开始认识到可以在生活中去感受一些尽管小但却很切实的幸福。

我曾在护理学校教书。在有些学校,学生们初中毕业之后便直接进入护理学校学习,以便将来成为护士。他们中的一些学生是抱着成为一名护士可以去帮助那些病痛患者之类的强烈信念来上学的;但也有很多学生是因为听父母或周围大人说取得一个资格证书对以后有好处才来上学的。

后一种学生入学几年后便开始思考自己以后要选择怎样的人生。有的学生虽然踏上护士之路是受父母劝说的,自己并无太强意愿,但却意外发现护士这一职业很适合自己。自己初中时并没怎么好好学习,而上了护理学校以后竟然勤奋到令周围的人都感到吃惊。但也有的学生会觉得自己并不适合当护士。

一说到退学,父母自不必说,就连班主任也会极力制止。他们会说好不容易学到了现在，放弃的话就太可惜了。

任何事如果不开始就不知道是否适合自己。没有理由非得让孩子当护士。所以，即便是父母也不能要求孩子改变主意。

父母无法对孩子的人生负责。倘若将来孩子对父母说自己当初其实并不想当护士，可父母却制止自己退学，所以才有了自己今天的不幸，父母又打算如何负责呢？孩子自己虽然也有缺少主见听由父母安排的责任，但有的孩子就是无法违抗父母。

究竟过什么样的人生对孩子来说才是好的，即便是父母也无法判断。

父母判断孩子的人生是否好的基准往往是成功。但是，我们并不知道成功对孩子来说是否真的是好事。

父母往往认为孩子如果获得了护士资格或许就能够过上安稳的人生。父母常常希望将孩子培养成人生的成功者，但在医疗一线，父母这样的天真愿望根本行不通。

我认为年轻人决心不当护士而改变人生选择或者在医疗一线开始工作之后再辞职之类的事情都可以有。

第三章
随时可变的"我"

三木清说成功是普遍性的东西,而幸福则是"各人的独创品"(三木清,《人生论笔记》)。如果是上大学之后再到公司上班之类的"普遍性"人生,或许谁都能够理解,但幸福有时并不被他人理解。

韩国电影《小森林》中的慧媛在首尔的大学学习并参加了教员录用考试,但却落榜了。所以,她便抛开一切回到了故乡。

慧媛每天在美丽的大自然中干干农活,做做美味的料理,日子平静而祥和。她虽然感觉很幸福,但也苦恼于不知道是否要保持现在的状态。

如果是我,也许会对慧媛这么说:"保持现在的状态就好。"为什么我们不可以让生命沉醉在"小确幸"之中呢?即便很成功,如果不幸福,那不也没有什么意义吗?

活在自然之中并不是"小确幸"。三木清说成功是量一级的,而幸福则是质一级的。幸福并无大小。

为什么慧媛会对活在"小确幸"中感到犹豫不决呢?

慧媛对是否要继续生活在有着美丽自然风景的故乡感到犹豫不决。虽然她逃离了以成功为目标的人生回到了故乡,但依然拘泥于有关成功的价值观。

"小确幸"需要的是贡献感，就是通过某种方式能够感到自己对他人有用的感觉。为了获得那种感觉，我们必须能够感觉到在现在的生活中自己对他人有所贡献。收获的农作物如果做成料理，不仅自己可以吃，他人也可以吃，还可以和朋友一起吃。那时，我们也许就会获得了一种贡献感。这与我当老师教学生时所拥有的贡献感并没有什么不同。

进一步讲，即便我们什么都没有完成，也可以通过自己的存在、自己活着本身来对他人做贡献。人一旦长大就很难再这么想了。

幼小的孩子如果没有父母的不断援助就活不下去，肚子饿的时候或者尿布脏了的时候就会大声哭闹。大人听到之后就会去了解孩子需要什么并给予其所需之物。

但是，孩子并不只会从大人那里索取，孩子也可以给予。给予什么呢？是幸福。即使孩子什么都不做，大人也会因为孩子的存在而得到治愈。孩子仅仅活着就是在做贡献。

大人也和孩子一样，通过活着对他人做贡献。没有理由不可以这么想。但是，有人会认为仅仅活着的话称不上是在做贡献。倘若因为年纪大，或者虽然年轻但因为生病

第三章
随时可变的"我"

而导致身体行动不便甚至是卧床不起，还总会给人添麻烦，有些人就认为自己没有价值，就无法对任何人做贡献了。这些人之所以会这么想，是源于生产才有价值和只有能够做些什么才有价值的世俗价值观，并不能因为很多人都这么认为它便正确。

我们既可以通过干些什么来做贡献，也可以通过活着本身来做贡献。例如，什么也做不了的孩子因为将来能够劳动而有价值。所以说，人并非一旦因为年纪大或生病而无法劳动就没有价值了。无论是孩子还是大人，活着本身就有价值。当能够那样想的时候，人就可以真实地感受到幸福了。

前面已经指出，幸福无大小。"小确幸"中的"确"的意思与成功不同：即便我们什么都没有达成，或者说所做的与成功无关，但只要能够活着，仅仅如此便是"确实的幸福"。

我曾经引用过一位妻子刚刚去世的七十多岁男士所说的话——"工作什么的怎么样都无所谓……"如果不工作就没法生存，这是事实，但即便如此，人也并不是为了工作而活。这就如同如果不呼吸就没法生存，但人却并非为了呼吸而活一样。如果我们凡事都以工作成功为重，那势必会忽略一些真正重要的事情。

倘若我们的工作很成功却无法感受到幸福或者小确幸，那往往是因为工作方式存在问题。那种认为只要成功就能够幸福的想法本身就有问题。

我们并不是无法在工作中获得"小确幸"。但是，如果我们为了工作而活，或者工作仅仅成了赚取金钱或者取得成功的手段，那就无法获得"小确幸"了。当能够感到自己所做的事情是在对他人做贡献时，那种贡献感就会成为"小确幸"。

我不将成功作为人生目标，认为人无法通过成功获得幸福，实际上还是受父亲的影响。父亲对于我研究生毕业之后一直不找一份专职工作感到不理解。我自己也并不是不想参加工作，但总也找不到公开招聘哲学教师之类的机会。

我原本以为父亲是希望我成功的，但现在才知道父亲对我的期待与成功无关，他只是担心我而已。父亲从学校毕业后马上便就职了，并且在那个公司一直干到退休。但是，如今我回顾父亲的人生就会知道他并不是将成功作为人生目标的。

我的父亲经常在家吃晚饭。父亲供职公司的社长是他的叔父。我曾好几次听父亲说他进公司的时候就被那位叔

第三章
随时可变的"我"

父告之"绝不会因为是自己的侄子就格外照顾"。或许这也并不是原因，但我还是看不出父亲是以成功为目标的。现在再回顾父亲的生活方式，我认为比起公司，父亲更看重家庭。这种生活方式实在令人钦佩。

我并不知道父亲在做什么工作，他在家里也不谈工作的事情。所以，我并不清楚父亲是一位什么样的上司。或许是位好上司吧。他曾被要结婚的部下邀请去做媒人，还曾参加过公司的橄榄球队。看他与年轻人的合影我常常会发现被敬慕自己的部下围着的父亲非常开心。

母亲因脑梗死病倒的时候，当时还是学生的我为了陪伴母亲每天在医院里要待十八个小时。到了傍晚六点钟，父亲就会下班赶到医院。医院离公司并不近，所以，父亲那时应该是提前下班的。

之后，我会与父亲换班，在家属休息室里休息到十二点钟，然后再去替换父亲，父亲便还要再花一些时间赶回家去。对父亲来说，与家人生活在一起肯定非常重要。也许他并不会因为母亲住院便突然改变生活方式。这一点我也是后来才明白的。父亲工作的时候，我并不能理解父亲的生活方式。

活在不可逆的人生中

我的书架上摆放的猫头鹰摆件掉在地板上摔坏了,是因为到书房里来的孙女手上拿的气球碰到了它。

掉在地板上的猫头鹰摆件完全摔成了两半。看到此景,她紧张地绷着脸。猫头鹰摆件掉落的时候,我感觉都能看到它那宛如慢镜头一样的掉落轨迹。孙女或许也看到了。

摔坏的猫头鹰摆件幸好没有太大破损,所以还能够用黏合剂修补好,但却无法完全复原了。不知道孙女是否能够理解,不能复原的并不是摔坏的猫头鹰摆件,而是无法恢复到摔坏之前的"时刻"。人生无法倒转,这一点她在今后的人生中一定会明白的。

我切实感受到人生无法倒转是在初中遭遇交通事故的时候。

当时,我在养狗,所以每个月都会购买《爱犬之友》杂志阅读。那是一个炎热的夏日,我骑自行车到书店去买

第三章
随时可变的"我"

杂志,但回来的路上遭遇了事故。我没能及时躲开飞速越过行车道的摩托车。与摩托车迎面撞上之前的事情我还记得,但之后的记忆便中断了。现在也想不起来。

重新恢复意识是我在医院接受治疗时试图推开护士手的时候。恢复意识后,我便一直在大声哭。

我被摩托车撞出去很远,脸部受到重击,右手和骨盆骨折,医生诊断说需要三个月才能痊愈。住院的时候我好几次都在想,如果那天不去买杂志就不会遭遇事故了;甚至还想,即使去买杂志,如果出门时间稍微再错开一点儿,或许也不会遭遇事故。

虽然我不止一次地这么想,但遭遇事故这一事实已经无法抹掉了,也就无法再返回到遭遇事故之前的时光了。

明白人生具有不能倒转的不可逆性是在明白绝对无法与已故之人再相见的时候。

一位名叫迦沙乔达弥的母亲失去了刚刚开始走路的年幼独生子后痛不欲生。于是,释迦牟尼让她去从未办过葬礼的人家收集白色芥菜籽儿。结果,这位母亲四处寻访都没有找到一家从未办过葬礼的人家。明白这一点之后,这位母亲终于能够接受孩子的死亡了。

所谓接受死亡就是明白时间的不可逆性。迦沙乔达弥最终明白时光已经不可能再返回到孩子活着的时候了。

如果是现代人，或许还会有一些从未办过葬礼的人家。但即便我们去做释迦牟尼吩咐的事情，也依然无法坦然接受死亡。我们或许可以通过看照片或做梦才能明白时间不可逆且已故之人绝不会再复活的道理吧。

看着封存了过去记忆的照片是在"现在"。一旦人们认为必须回到过去或者试图回到过去，也许就会找出过去的照片或相册。

因家人或者对自己来说非常重要的人去世而每天以泪洗面的人也会逐渐忘记伤痛。这不是因为薄情，而是因为生者往往会抛却过去活在当下。

看照片的时候我们虽然非常怀念过去，但也知道已经无法再回到那个时候了。现在的照片都是数字照片，所以与过去不同，并不需要冲洗出来，甚至都不用打印出来。因此，我们常常会有极其多的照片存放在电脑的硬盘里，但我们一般不会仔细地反复翻看。这并不仅仅是因为照片的数量太多了，也是因为没有必要总是回顾过去。

人们渐渐也会不再总是梦见已故者了。梦见已故的父母说明我们与父母之间的关系尚未完全理清。生前与父母关系不好的人十分懊悔还没来得及和父母和解便与父母永别了。我们和父母之间的关系在父母去世后依然会不断变化。我们会在父母去世后还会不断想起父母。

后来，我不怎么梦见母亲了。但在母亲去世之后的很长一段时间里我都经常梦见她。在梦里，我明白梦里出现的母亲已经去世了。大约过了十年，母亲才逐渐淡出我的梦境。

现在我也经常梦见父亲，而且常常是年轻时候的父亲。年轻的时候我也曾经跟父亲发生过冲突，但那时的记忆都逐渐淡化了。有一天，我做了这样一个梦：因为天空看上去像是要下雨，所以就想问问父亲有没有带伞。于是便走到父亲乘坐的汽车旁边，结果看到母亲正坐在副驾驶座上。由于很久都没有梦到母亲了，所以我在梦中看见与生前并无什么不同的容貌年轻的母亲之后很是惊叹。那时便想，我不必再担心父亲了。

那日那时的自己

"自己的一部分依然还留在那日那时。"（吉田笃弘，《流星电影》）

如果播放 8 毫米胶片，里面或许还留存着小时候的自己和幼年早逝的朋友的音容笑貌。当小说这样展开的时候，感觉留存在"那日那时"的我就被唤回来了。

我小时候父母还没有 8 毫米摄影机。所以，与现在的孩子们不同，我根本没有那时候的录像。也许只有一次，父母从别人那里借来了放映机，虽然也曾看到过录像，但我却并不在里面。而且，那录像连声音都没有。所以，我就只记得当时并不觉得有趣。如果有我的录像，那么里面应该"封存着记忆中没有的记忆"，或许我一定会目不转睛地看。

当然，照片中也应该"封存着记忆中没有的记忆"，但如果有了动态影像，就能够强烈感受到照片无法充分捕捉的生命。

如果是录有自己孩子的影像，当然知道那是小时候的孩子，所以，肯定明白那是自己的孩子；但如果留存了录有自己的影像，即便看了也不知道是否就能够确信那是自己。就算是照片，即使听父母说"这就是你的照片"，也只能从观念上了解而已。

为什么不能确信是自己呢？因为，那里面录（照）的是"记忆中没有的记忆"。

第三章
随时可变的"我"

如果这些照片或录像能够让我们觉得与现在的自己具有连续性，那么就能够让人感到"这是我"。仅仅有影像的话，或许还无法令人产生那种感觉。

能够感到小时候的自己与现在的自己具有连续性，往往是在想起过去某段经历的时候。小时候的记忆很多都是片段性的，似乎就像是现在在梦中见到的一样。即便如此，无论多么模糊的记忆，只要还留存着，我们就能够感到留在"那日那时"的自己与现在的自己有一定的联系。

有一天，我被母亲牵着手走在向阳的坡道上。长大之后走在与当年一样的坡道上时，我忽然就想起了那时候的事情。虽说是我想起了这一往事，但母亲的脸并没有出现在记忆中。我完全推断不出那是我几岁时的事情了。也许是我刚刚开始会走路的时候，或者是我再大一些的时候。总之，仅仅只是母亲陪在我身边，被母亲守护着的那种感觉便复苏了过来。

如果我留存了这张（段）我和母亲走路的照片或录像，并在长大后看到它的话，或许我会惊叹于它与我的记忆的不同吧。因为，在我的记忆中，几乎没有像照片或录像中那样的细节。

没有细节并不是因为记忆淡薄了，而是因为我的记忆不需要细节。如果我有绘画才能就可以将这天的事情画出来，或许我会画一张仅仅可以从我和母亲的后面看出来还是孩子的我被母亲牵着手的画，脸和其他细节都不用画。

这种在我的记忆海洋中连轮廓都不清晰的回忆是否并不是真实的过去呢？并非如此。

即便是具有相同经历的人聊起那时的事情，也并不会具有完全相同的记忆。每个人关于细节的记忆也会有微妙或者相当大的差异。不仅如此，甚至有时候，自己认为经历过的事情也会被当时恰巧在同一现场的人给完全否定掉。

已经无法再去向早逝的母亲询问这天的事情了，但即便母亲说从没有两个人一起去散步，对我来说，这天的事情也肯定存在过。

即便是长大之后的事情，也并不能都记得往事，但有时会突然想起本已忘记的过往之事，甚至原本都不知道还有那样的事情。

倘若过去突然出现在脑海中，那是因为"现在"需要那样的过去。相反，我也有一直不能忘记的过去。之所以认为不可以忘记，是因为"现在"正那么想着。

第三章
随时可变的"我"

"现在"不需要的事情不会想起来。例如，我的父亲忘记了去世的母亲。一开始我认为父亲不会忘记一起生活了那么长时间的人，但他确实忘记了自己的妻子，虽然他的妻子已经去世。这对晚年的父亲来说恐怕算不上幸福。我知道父亲是将过去的记忆封印起来了。所以，给他看照片以期能令其想起母亲，这类做法并没有意义。

父亲后来说在梦里见到过母亲。虽说隐约看到了母亲的脸，但却并不是很清楚。不知道父亲说这话的时候是否想起了母亲。或许是因为父亲要下决心忘掉母亲，所以才会看不清梦中人的脸吧。

不愿在人际关系中受伤的人为了不想与他人打交道往往会记起一些痛苦的经历。因为需要的仅仅是痛苦这一感觉，所以，这种情况下也不需要细节。

过去会变吗？虽然我们无法抹掉过去的痛苦经历，但如果"现在"变了，那么过去就会变。有时，人们还会不再需要过去。

倘若现在能够认为周围的人会在必要的时候帮助自己，哪怕一个人也好，就能够与人构筑起良好的关系，就可以将痛苦的"那日那时"的自己丢在过去，积极乐观地朝前迈进了。

从过去的经历中学习

即便经历相同的事情,从经历中学到什么也会因人而异。也有人什么都学不到,或者也许可以说学不到的人占多数。

阿德勒说:"决定我们自身的不是过去的经历,而是我们自己赋予经历的意义。"

如果经历了什么,一般就能够从那种经历中学到些什么。但并不是因为经历了什么就一定能从中学到些什么。重要的不是经历了什么,而是从经历中学到些什么。与其说是"由"经历中学到,不如说是"通过"经历学到或者以经历为契机学到。

三木清说:"人生重要的不在于经历'什么',而在于'如何'去经历,能够真正懂得这个道理的人实在是具有哲学智慧。"

森有正则将"经验"和"经历"区别来谈。人在自己经历过的事情中,只会把其中的一部分作为特别宝贵的

第三章
随时可变的"我"

经历固定下来，从而支配一个人之后的一切行为。也就是说，经历中的某些东西虽已成为过去，但仍对现在发挥着作用。森有正将这称为"经验"。

年龄越发增长的父母越会反复讲起过去的事情，家人每次听到都不知道该如何是好。这个时候，父母其实是在讲经验，而不是在讲经历。

与此相对，经历的内容会不断被新的东西所打破，而作为新的东西被重新树立起来的就是"经历"。我们既可以从现在经历的事情中学习，也可以通过回忆过去经历的事情学习。

如果我们总是只以相同的视角去看过去经历的事情，那么经历就会凝固下来，继而成为经验。即便是只有一次的经历，如果能不断回味其中的意义，并从中发现新的意义，它也便不再仅仅是经历，而是"经验"。

即便看上去父母是在反复讲相同的事情，其实也并不是在讲完全相同的事情。如果抱着一种"又开始讲相同的事了"之类不耐烦的心情去听父母的话，也许就注意不到其话中与之前不同的部分。即使在讲同一件事情，每次的侧重点也会有所不同。

一个名叫卡卜斯的年轻诗人写信给里尔克，希望能获得里尔克对自己诗歌的指点。里尔克在写给这位年轻诗人的回信中说:"即便你身陷囹圄,牢狱的墙壁使你与外界完全隔绝,你仍然拥有自己的幼年时代这一宝贵的、王者般的财富——记忆的宝库。请将你的注意力转向那里!"
(里尔克,《给青年诗人的信》)

因心肌梗死病倒时,在对医生说"无论今后的状态多么不好,即便一步也不能到外面去,依然希望至少能够写作"的时候,我就想起了刚刚引用的里尔克信中的一节。

住院期间,我几乎可以说是与世隔绝的。就连季节从春天变换到了夏天,也都没有感受到。当想到出院后也依然要继续同样的生活时,里尔克的话在我心中产生了强烈的影响。

幸好治疗非常奏效,我又逐渐能够外出了。但以后如果是因为疾病或者年老而无法行动自如的话,也许我还会再次沉潜到自己的内心世界。

人生并不合理

有的人喜欢计划今后的人生怎么过。他们会设立要达

第三章
随时可变的"我"

成的目标：上名牌大学，毕业后进入知名企业就职。曾有位初中生滔滔不绝地跟我讲他今后的人生规划。

"成绩很好，所以要上高中，然后去京都大学的法学部。"

我问其毕业之后打算如何，对方说要当外交官。即便有的初中生会想到要上哪所大学，但连将来做什么工作都考虑到的初中生还是不多。所以，那位同学也许可以说是一位很有前途的年轻人。

"我要在二十五岁的时候结婚。"

那位初中生一本正经地跟我说，但我当时很想对那个孩子说："结婚一个人可办不到呀！"我很想知道那个孩子是根据什么认为自己二十五岁能结婚的，但对方接着又说道："独生孩子太孤单了，所以，我想要生两个孩子。"

对此，我也很想说"可并不是由你来生吧"，但最终还是保持了沉默。他的人生规划满满当当，没有一点儿浪费。他认为一切都会按照自己的预想实现。也许是因为他之前一直保持着优异成绩，他似乎从未考虑过考大学失利或者失恋之类的事情。

这位初中生所讲的人生规划是以成功为目标的。其中存在两个方面的问题：首先，并不是谁都必须以成功为目标来进行人生规划的；其次，还要认真思考一下，我们究竟能否"规划"人生。

据三木清讲，成功是量一级的。如果努力学习取得好成绩，那么就能够考上自己想上的大学。虽然学东西与在考试中取得好成绩并不是一回事，但如果无法掌握在短时间内巧妙解答问题的技巧，那么就无法在考试中取得好成绩，继而也就无法考上大学。抱着这种想法的人往往就会以成功为人生目标。

但是，我们是否必须以成功为目标过毫无浪费的合理人生呢？绕道而行，边走边享受途中风景的人生是不是也可以呢？以成功为目标的人往往都有着非常相似的人生。即便大学或就职公司有所差异，但未来规划却并无太大不同。

有些人的规划是结婚、生养孩子、建立一个自己的家，还要盘算着为此要跟银行借多少钱，需要怎样去还款。

这样的人生是毫无浪费的合理人生。但是，大家很快就会明白，即便自己想要过那样的人生，其实也极其困难。

第三章
随时可变的"我"

即便想要过毫无浪费的人生，人生各个阶段必须要做的选择也未必总是那么合理。即使想要做出合理选择，也会发生一些意想不到的事情，阻碍人生发展。

东京大学的入学考试曾因学生运动加剧而中止。有些无论如何都想要上东京大学的学生便决定失学在家等待，但也有的学生转而决定考京都大学。因此，京都大学所有系的报名人数都比前一年大幅增加，原本就打算上京都大学的学生很多都落榜了。如此一来，之后的人生规划就会被打乱。

三木清说，成功具有很大的"普遍性"，与此相对，幸福却是质一级的，"是各人的独创品"。

当我的一位高中同学说自己不要去上大学的时候，原本认为虽然未来上哪所大学会有差异，但从未想过还有不上大学这一选项的我很是吃惊。

但是，人生若不以成功为目标，那就没有必要非得去上大学了。如果是以幸福为目标的人，即使自己的人生很普通也丝毫不会在意。

倘若父母都是高学历人才，而孩子却提出初中毕业便要去工作的话，那么孩子想要走的人生道路究竟会怎样就完全无法预测了。所以，父母会对此加以反对。当然，孩子自己也不知道将来究竟会如何。如果与自己预想的人生有所不同，到时候再做考虑就可以了。

父母不要去逼迫孩子。倘若孩子没有做好，可以跟其说重新来做就行，绝不能说"又不是早先没有告诉过你"之类的话。

幸福是质一级的，是各人的独创品，而非普遍性的东西，所以，人一般不会在这方面去羡慕他人，很多时候甚至还会无法理解。虽然继承家业或许能过一个稳定的人生，但有的人还是会毫不犹豫地选择去过自己想过的人生，周围的人再怎么反对他也毫不动摇。

工作也是一样。接受或者拒绝哪种工作，并不存在什么合理的理由。报酬多是很可贵的，但是，人也并不总是根据报酬多少来决定是否接受某种工作。

我的工作是演讲与写作，但一个人能够做的工作量非常有限，所以，并不能接受所有的工作。虽然只能从被委托的工作中选择一部分，但究竟依据什么样的标准进行选择并不具有什么合理性，所以，也并不容易跟他人解释。

选择工作的标准，如果非要说的话，那便是是否有趣。任何工作都必须认真投入其中，所以，都需要时间和精力。如果是这样的话，即便报酬再多，倘若工作的时候

第三章
随时可变的"我"

不愉快，那就只会痛苦。碰到预想会出现这种情况的工作委托，我就会断然拒绝。

跟谁一起工作也很重要。出书时编辑是什么样的人非常重要。完稿之后也还会被编辑指出一些问题点，并被要求反复修改。

住院的时候，我曾问主治医生是否能够以生病为理由拒绝工作。得到的回答是"当然可以，就那么办吧"。如果是健康的时候，我们还必须想一些拒绝的理由，但如果是生病了，那么我们就可以毫不犹豫地把生病当作理由。人并非为了工作而活，所以，没有理由不可以优先考虑那些真正重要的事情。

我住院后稍稍好一点能够在床上坐起来的时候，便开始投入到近期要出版的书的校对工作之中。

出院后，身体恢复得比主治医生预想的还要好。但我还是决定要尽可能地拒绝工作。虽然主治医生说能够以生病为理由拒绝工作，但我心里还是在想是否可以拒绝工作。我在想，倘若是发着高烧起不来床也就罢了，可现在明明已经可以正常生活了，是不是还被允许以生病为理由拒绝工作。

但是，究竟需要获得谁的允许呢？是不愿被认为是在说谎吗？被谁认为呢？

我并不是在说谎。拍了心电图后发现，我虽然没有心律不齐，但波形却存在异常，心肌坏死的地方不会再生。如果觉得已经完全恢复健康了便勉强自己工作的话，那么最终麻烦的是自己。倘若需要再次手术，就无法工作了，为此会给很多人带来麻烦。

我认为疾病是拒绝工作时可以考虑的合理理由。但实际上，拒绝工作时根本不需要什么理由，仅仅根据想做或者不想做就可以决定。这样做出决定之后便不会再迷茫，心情也会轻松起来。

留给未来

由于经常强调认真活在当下的重要性，似乎有人便会认为活在当下就是享乐主义，甚至也有人对未来漠不关心。

人只能活在当下。如果不出什么意外，明天或许会如期到来。但是，即便今天可以想象明天的事情，但明天真的来了，也绝不会完全如之前所想。原本兴奋地期待着第

第三章
随时可变的"我"

二天能够与许久未见的朋友度过一段愉快的时光,但第二天却和朋友激烈地吵了一架。即便再怎么担忧未来,未来也不会如你所愿般存在。所以,从这个意义上来讲,考虑未来是没有意义的。

看一看阿德勒如何定义"共同体",就能知道他对未来的看法。阿德勒所认为的共同体范围非常大,超越了自己所属的家庭、学校、工作单位、国家以及人类,是包含着一切生物和非生物在内的宇宙整体。如果就时间轴而言,它包含着过去、现在和未来。也就是说,阿德勒将未来的人类也考虑进了我们的共同体。

如果这么想,我们就不会认为只要自己现在生活的时代好就可以了。我们在生活中必须要考虑到十年后、二十年后甚至一百年后的人类。我们已经因为核电站事故给属于共同体的后世子孙留下了负面遗产,这在阿德勒看来是绝对不被容许的事情。

只要现在好就可以,只要自己好就可以,持这种想法的人逐渐增多是我们教育的失败。教育的失败导致了当今时代种种问题的出现。

问题出在哪里呢?那就是盲信他人之言的人太多了。例如,在这个社交网络盛行的时代,很多人往往连信息源都不检验便直接转发了错误信息,而错误信息即刻就会扩散。就职场而言,大家往往会不假思索地去遵从有领袖魅力的领导的话。

不盲信盲从,让年轻人学会独立思考,获得验证事情真实性的能力,这才是教育的关键。

教育很费工夫,不具有即效性。但是,正因为如此,大人才必须花费时间和精力去尽力教育年轻人。

可是,大人们都教了年轻人什么呢?他们往往想要告诉年轻人成功才是人生目标,只要成功就能幸福。认真思考是否真的如此的人并不多。即便是现在,还是有很多父母或教师认为读一流大学、进一流企业就会幸福。其实,父母和教师都应该注意到现在已经不是那样的时代了。

当今时代已经稍稍开始变化。注意到什么对自己才是真正重要的,往往发生在人生病的时候。虽然没有必要为了注意到这一点而去生病,但意识到明天未必就一定会如期而至也会令人愕然不已。如今,人人都有可能被病毒感染,这就意味着当今时代人人都有可能成为病人。

正因为如此,年长者才必须告诉年轻人仅仅是活着本

第三章
随时可变的"我"

身就无比可贵,而不是一味教他们去追逐金钱、名誉和社会地位。

并且,年轻人为了能够那么认为,需要切实体会到自己对他人是有所贡献的。年轻人一直被大人教导必须要成功。虽然也并非不能用成功之后获得的金钱去做贡献,但并不是人人都必须那么做。是不是获得了金钱的人就会想要用它去为他人做贡献呢?并非如此。

在共同体中,人无法一个人独自生活。人们常常活在相互影响之中。小时候,如果我们没有大人的帮助就无法生活。我希望即便没有大人的帮助也能生活的年轻人接下来应该去为他人做贡献。

当然,这种贡献也可以不必通过成功来实现,不成功也可以。人仅仅活着就能够有所贡献。人人都能够同孩子一样仅仅活着就有所贡献。

每个人的力量都超出了自己的想象。大人必须教给年轻人这一点。

那些认为只要自己好就可以的人和只要自己国家好就可以的人都是有问题的人。无论是发生核电站事故的时候,还是新冠疫情扩散的时候,危害和感染幅度都超出了国家范围，从这一点就可以知道，不可能只有自己国家幸存。

只想自己国家好的人数量众多，这也是教育的失败。国家之间需要的不是竞争，而是合作。为了能够用全球化视角去思考问题，我们必须摆脱之前的价值观。

只要心中有希望

三木清曾说过："只要心中有希望，人就可以熬过任何苦难。"

或许有人会说身处困境者根本无法获得希望，又或许会认为即使有希望也无法克服困难。

三木清在这里所讲的究竟是什么样的希望呢？

"正如人生即命运一样，人生就是希望。对于命运式存在的人类来说，活着就有希望。"（三木清，《人生论笔记》）

三木清说"人生即命运"的时候，其中包含着特别

第三章
随时可变的"我"

的意义。通常情况下，一提到命运，往往令人想到今后要发生的一切都已注定，人根本无法对抗命运。但是，三木清说，人生中的任何事都具有必然性和偶然性两个方面。

"人生中的任何事都是偶然性的。但是，人生中的任何事也都是必然性的。我们将这样的人生称为命运。倘若一切都是必然性的，或许我们就无法思考命运了。但如果一切都是偶然性的，或许我们也无法思考命运了。正因为偶然性中包含着必然性，必然性中亦包含着偶然性，人生才是命运的安排。"（三木清，《人生论笔记》）

如果一切都是偶然性的，就不会有命运的安排。早上在车站擦肩而过的人，同乘一辆车的人，大家的相遇只是一种偶然。倘若一切都如自然界的法则一样皆被注定，或许也就不会觉得发生的事情是一种命运的安排。

那么，什么时候才会感觉到命运呢？在经历什么事情的时候我们认为那是一种偶然，但事后回顾起来却觉得其超出了偶然。

当然，有时我们也会进行过度阐释，那是因为我们想要将一些明明并非命运的事情看成是命运。

即便如此，那些因为邂逅一个人或者一本书而改变了人生的人或许还是能够体会到三木清所说的"正因为偶然性中包含着必然性，必然性中亦包含着偶然性，人生才是命运的安排"的真意。

现实以巨大的力量挡在我们的前面，但我们依然可以尽力去改变现实。如果一切都是必然，那么我们就没有希望了。只要有希望，我们就可以去改变现实，塑造人生。

虽说如此，但现实还是非常残酷的。或许并没有在人生中从未受挫过的人。即使希望如此，也难以如愿。或许也没有那样事事一帆风顺的人。

谁都无法选择父母以及生活的时代和国家。生在什么样的时代，长在什么样的国家，有着什么样的父母，这都是偶然性的。

但是，即便出生不由自己决定，世界也并非全是偶然性的，它同时具有不由我们意志决定的必然性。在这个意义上来讲，出生就是一种命运的安排。

不仅仅是出生，之后的人生也会经历各种各样的偶然性。有时突然就会生病，有时会意外遭遇事故或灾害。什么时候离开这个世界、怎样离开这个世界也无法由自己决定。

关于命运，九鬼周造这么说："偶然性的事情，当对

第三章
随时可变的"我"

人的生存具有非常重大的意义时，人们便称其为命运。"

遭遇某些事件，遇到某些人，当人认为其具有撼动人的整个生活之意义的时候，便会认为这对自己来说是一种命运。

人们有时会想，如果不曾有那种命运式的邂逅或经历，现在的自己又会是怎样。但是，为偶然性的经历或邂逅赋予意义的是自己。所以，既不是因为错过了那样的机会才变得不幸，也不是由于抓住了那样的机会才变得幸福。人生任何时候都能够改变。

为什么有人会认为人生是因为命运而改变了呢？那是因为某些命运式的经历或邂逅往往会给人以希望。

三木清说："我不能失去对未来的美好希望。"为什么三木清说"不能失去"希望，而不是"没有失去"希望呢？因为，希望常常是由他人给予的。

即使自己很绝望，也可以从他人那里获得希望。即使患有无望康复的疾病，不管生病的时候自己是什么样的状态，但与他人的邂逅往往会带给自己生的希望。

曾有人不想让别人知道自己住院的事情。这种人并不是那种在不知道是否能活到明天的状况下依然心系工作的人，虽然这种人也不想失去工作。这种人一旦能够在病床上操作电脑，便开始若无其事地发送工作邮件。

虽然有很多人在听到我住院的消息后赶来探望或者发邮件问候，但我还是为有那么多人记挂而感到不知所措。在认识到这一点之后，我才真切感受到自己并非一个人独自活着。

希望是由他人给予的，这并不是说自己什么也不能做。因为，这种邂逅绝非偶然。为了能够有这种邂逅，我们必须对他人具有信赖感。而是否信赖他人则必须由自己决断。

生存的意义在"当下"

神谷美惠子将生存的意义和幸福感区别看待：在生存的意义里有一种比幸福感更清晰的面向未来的心理状态。

幸福感是当下的一种感觉，这一点我在前面已经分析过了。神谷美惠子说生存的意义里"有一种比幸福感更清晰的面向未来的心理状态"，这就意味着"生存的意

第三章
随时可变的"我"

义"虽然也是"当下"的一种感受,但它却是面向"未来"的,是在"未来"感受到的。

神谷美惠子说:"即便觉得现在的生活黯淡无光,只要对未来有美好的希望或目标,就能在作为通向那种希望或目标之过程的现在感受到生存的意义。"

据神谷美惠子讲,生存的意义虽然也是当下的一种感受,但我们为此必须有对未来的美好希望或目标。只要有美好的希望或目标,即便我们现在的生活黯淡无光,也能在作为通向那种希望或目标之过程的现在感受到生存的意义。

现在的幸福和未来的希望,哪一项对人的生存意义来说更重要呢?那肯定是未来的希望!

可是,即便现在很痛苦,只要我们对未来有"美好的希望或目标",就能感受到生存的意义。

神谷美惠子说:"对于那些拥有明确终末观信仰的人,这种坚定的未来展望会带给他们一种惊人的坚强,赋予他们忍受现在一切苦难的力量。"

倘若能够相信即便现在再怎么痛苦,死后势必会得到救赎,或许人们就能够忍受苦难。但是,没有那种信仰的人则会无法获得美好的未来希望。如果未来没有希望，那么就无法忍受现在的苦难吗？不具备"惊人的坚强"的人又该怎么办呢？

有些时候，我们即便想要劳动，身体也不受控制。如果我们生了病并被告知很难治愈，那么就无法获得美好的未来希望。这种时候我们便无法感受到生存的意义了。

此外，神谷美惠子还说，"生存的意义"更接近"以自我为中心"，而"幸福感"仅仅是"自我的一部分"。

对于很多男人来说，仅仅依靠家庭生活的幸福或许并不会产生完整的生存意义。

自年轻时便开始与孩子们度过了许多时光的我并没有这种感受。

可是，在很多情况下，只要我们辛苦工作，通过觉得这是只有自己才能够做到的工作，我们就可以感受到生存的意义。

神谷美惠子认为，仅仅依靠家庭生活的喜悦是让人无法感受到生存的意义的，因为家务或育儿是可由他人替代的价值稍低的事情。

最后，神谷美惠子说，多数情况下，生存的意义中包含着"价值认识"。如果不能够觉得自己做的事情有意义或有价值,那么就无法感受到生存的意义。

看着孩子健康地成长便觉得心情舒畅,这样的事情即便具有"幸福感",也成不了"生存的意义"?人无法在育儿、家务或照顾老人中感受到生存的意义。为了能够感受到生存的意义,我们必须做一些与此不同的事情,例如在外面工作。是这样吗?我并不这么认为。

工作的确有必须自己才能完成的一面,但也有他人可以替代的一面。有些退了休的人往往认为公司少了自己就会很为难。于是,他们退休之后依然每天都出现在公司,结果却招致大家的厌烦。

但是,育儿或照顾老人则只能由自己来做。也许保育员、护士或护工在育儿或照顾老人方面能够比家人做得更好,但即便如此,养育孩子或照顾父母还是包含着只有自己才能做到的一面。当然,这也并不是说因此便一定应该由家人来育儿或照顾老人。

我们不能将工作和育儿或照顾老人进行比较。工作有工作的价值,育儿或照顾老人也有相应的价值。

神谷美惠子与植物学者神谷宣郎结婚后,为了生活,她一边当教师一边操持家务。神谷美惠子写道:"我一开始便没有想过让做研究的丈夫去搞副业。我一直都希望至少丈夫能够在学问上有所成就。"

有些女人很有女人味儿，仅仅通过为他人做一些琐碎的事情便可以获得满足感，我十分羡慕这样的女人。（神谷美惠子，《神谷美惠子日记》）

《神谷美惠子日记》深切讲述了当医生的神谷美惠子无法成为普通主妇的苦恼。她忙于育儿，无法做自己想做的事情，也许很多人都会对她这种心情产生共鸣。我认为过度繁忙会妨碍人感受到未来的生存意义。

但是，有些人之所以会产生神谷美惠子这样的感受，或许是因为无法满足于"现在"。也许他们是因为没有将心思放在做"琐碎事情"的那一刻。

我们所能做的就是不要将现在的幸福感和未来的生存意义区分开来。为此，我们不要把希望寄托于未来。倘若要在现在的幸福感和未来的希望之间选一个的话，那么我就会选现在的幸福感。

如此一来，在日常生活中偶然感受的幸福就会成为生存的意义。即便是在疾病无望康复的时候，我们也能体会到当下的幸福。

第三章
随时可变的"我"

三木清说:"自己希望与某位女士结婚、希望住在某街区,以及希望获得某领域的地位等,人往往会说出许多这样的希望。"

三木清说这不是愿望,这是欲望、目的和期待。关于期待,三木清说:"拥有希望便容易失望。所以,有人会说,不想品味失望痛苦的人最好一开始便不要抱有希望。可是,那些失去的希望并不是希望,而是类似期待之类的东西。或许很多情况下,人会失去各种各样内容的希望,但绝对不会失去的就是未来的希望。"

欲望、目的和期待有时会实现不了。但是,本来的希望却不会失去。三木清在这里所列举的"与某位女士结婚"之类的事情并非本来的希望。"各种各样内容的希望"是期待,与"本来的希望"形成对比。

这种本来的希望就是自己作为一种存在的幸福。即便什么也没有达成,倘若能够感受到自己与他人息息相关,那么,纵然是因为生病而实现不了自己的梦想或希望,也能活得很幸福。

不必将希望寄托于未来,当下过得幸福,本身就是一种希望。

后记

人从哪里来，要到哪里去

某位作家在访谈中回答："我还没有找到那个问题的答案。"有很多问题都没有答案。我常常认为既然提出了问题就必须要得出答案，但看到那位作家的回答之后稍稍松了口气，原来也可以回答说自己还没有找到答案。即使到了人生的最后，找不出答案的问题也会有很多。

在没有答案的问题中最难的就是"人从哪里来，要到哪里去"这个问题。没人能对这个问题给出答案。因为，没有人记得出生时的事情，死去的人也不会再重返人世。但是，也并不是因此便无法活下去。

伊壁鸠鲁说道："死往往被认为是最可怕的。但实际上，它对我们来说什么也不是。为何这么说呢？因为只要我们活着，死就不存在，而当死存在的时候，我们则已经不复存在了。"

活着的时候，死对我来说并不存在。死了之后，我便不复存在。所以，死并不是什么可怕之事。

但是，事情并没有那么简单。因为死就处于生的近旁。即便理论上来说，死在人活着的时候并不存在，但人在突然想到死的时候也会陷入不安。如此一来，人有时就会笼罩于死之不安中，无心做任何事。

当我在十多年前出版的一本书中写了"死并不是在人生的最后才来造访。恐怕很多在夜里突然醒来，听到心脏的跳动声的人，都会想到自己离死亡竟是如此之近吧"这句话的时候，编辑在校样中加了句"我不曾有过"，看到之后，我很是吃惊。当时我便想这位编辑一定是个从未在夜里醒来且睡眠质量极好的人。

关于不了解的事情，人或许无法做到那么确信。如果能够确信死并不可怕，或许就能够摆脱死之不安。可是，因为不了解便害怕也很奇怪。人之所以认为死亡可怕，是因为明明不了解却自认为了解。

苏格拉底说人之所以害怕死亡，是因为自以为了解不了解的事情。

"为什么呢？因为谁都不了解死亡。死也有可能对人来说是所有好事中最大的好事。可是，人们却十分惧怕它，就好像自己知道它是所有坏事中最大的坏事一样。"（柏拉图，《苏格拉底的申辩》）

后 记
人从哪里来，要到哪里去

死究竟是怎么回事，我们只能通过他人之死去想象。可是，他人之死即为不在了。无论死是什么，其都意味着离别。离别的悲伤很难治愈，即便如此，随着时间的流逝，悲伤实际上也会变淡。倘若自己死了，家人或许会很悲伤，但那种悲伤也不会永远持续下去，终有一天，就连自己曾经活过这件事也会被人们遗忘。

他人之死即为不在，与此相对，自己的死并非不在，而是归为虚无。当然，那究竟是怎么回事，我们并没有办法知道，因为无人死去之后再生还到这个世界。恐怕没人不害怕受地狱之火焚烧。倘若遭受那样的不幸，那么就意味着我们即使死了也并不是归于虚无。因此，虽然被地狱之火焚烧之类的事情不会真正出现，人也会认为这比起死后归为虚无还是要强一些。

也许有人会害怕死后归为虚无。虽然我们现在有时也很辛苦，但如果死了就什么都感觉不到了。如果是什么都感觉不到，那么应该也不会感觉到恐惧了，可一想到自己可能会归为虚无，往往就会产生莫名的恐惧。

小学的时候，非常疼爱我的祖父去世了，之后祖母和弟弟也相继去世。那时，我开始强烈意识到之前完全没有意识到的死亡。那时我想的是虽然自己现在有意识且能思考和能感受，可一旦归为虚无，就实在太可怕了。

不过，苏格拉底说："死亡可能是下列两种情况中的一种：就像完全虚无之物一样，死者对什么都没有感觉；或者，就如传说中所言，死亡只是一种变化，对于灵魂来说，就是从现在的这个世界移居到另一个世界。"

苏格拉底认为如果死亡是这两种情况之一，那么它很可能是一件好事。活着的人往往更支持后一种说法，这也很好理解。并且，倘若能够抱着自己死时可以与"存在于另一个世界"的已故之人重逢这样的希望，死别的悲伤或许也会稍稍减缓。可是，没有人知道是否真的如此。

苏格拉底列出了死亡的另一种可能性——完全归为虚无，没有任何感觉，并说据此便可以认为死是好事，这一点与曾经惧怕死后归为虚无的我完全相反。

倘若死后完全失去感觉，就像是人睡着后一个梦也不做的状态，那么死亡也许是一件天大的幸事。因为，如果将连梦都没有的熟睡之夜抽出来与人生中的其他昼夜相比的话，那么恐怕很少有比这种丝毫无梦的熟睡之夜更开心的夜了。不仅仅是普通人如此，就连波斯国王也是一样。所以，如果死亡是这样的事情，那么我会说它是好事。因为，如果全部时间都是如此的话，那么它看上去也并不比一夜更长。

后记
人从哪里来，要到哪里去

现在我并不像以前那么害怕归为虚无了。这在很大程度上源于自己接受心脏搭桥手术时全身麻醉的体验。平时夜里睡觉的时候，我常常无法完全入睡，总觉得睡不踏实。所以，如果不是非常疲惫，我很少能安然入睡。孩子夜里稍微动一动，我也会马上醒来。

可是全身麻醉却不一样。当我到手术室的时候，还听到医生说"确保动脉线"，但那之后便失去了意识。就好像是一下子拉下了幕布，一切都消失了。我恢复意识是在管子从喉咙里拔出来的时候。

从全身麻醉中清醒过来的时候，与其说我是开心于从假死的状态中活过来，倒不如说我是感觉被从心情舒畅的状态硬给拉回到了现实。当然，因为全身麻醉时我处于一种没有知觉的状态，所以并不知道当时是否心情舒畅。

如果可能，我们并不愿意去考虑死亡。但是，即使不去考虑，死亡也并不会消失。谁都难免一死。

我们不能将死亡还原为已知，并对其加以属性化。所谓还原为已知就像说死亡是"从现在的世界移居到另一个世界"，赋予其已经知道的印象。

但是，我们无法理解死亡。所谓无法理解，就是像前面看到的一样，是无法涵盖且超出自己理解的意思。人们常说启程去天国，但我却认为生和死之间存在着绝对的隔绝。

我们应该如何去面对死亡呢？死亡也并非作为一种特殊的存在与生完全区别开来。死亡并非在人死之前完全不存在，只在临终时才会面对的事情。虽然不知道死亡是否像伊壁鸠鲁所言，因为那时我们就已经不存在了，但至少我们活着的时候可以面对死亡。

即便是活着的时候，我们所面对的死亡也并非死亡本身，因为它存在于生之中。如果是那样，就如同其他的人生课题一样，我们也不可以逃避，而是要积极面对。

但问题是死亡这一人生课题与其他课题不同，我们无法改变它的状态。无论等待着我们的死亡是什么，我们都不可以因此而改变活法。

那么，我们应该采取什么样的活法呢？活着的时候，或许我们也不可能完全不去考虑死亡问题。但是，我们也不能整日担心死亡的到来。整天只考虑死亡问题，就如同工作狂满脑子只想着工作一样。

对于那些与自己爱的人一起度过充实时光的人来说，下一次什么时候见面并不是问题。虽然一起度过了很长时间但却过得并不充实满足的人，才会一心想着下次见面的

后　记
人从哪里来，要到哪里去

机会。因此，他们便会想要在分别前设法达成下次见面的约定。

但是，谁也不知道"下一次"会怎样，我们并不清楚下次能否见面。今天能见面也保证不了下次还能见面。所以，我们必须珍惜今天的相见。

同样，如果能够于当下获得满足，那么在人生最后等待着的死亡究竟是什么便也不再重要了。

即便如此，活着也很辛苦。柏拉图说："对于任何生物来说，出生便意味着痛苦的开始。"

所以，对于希腊人来说，不出生就是最大的幸福，排在第二位的幸福便是出生之后尽早死去。但是，经历痛苦对人来说真的是一种不幸吗？

在长崎经历过轰炸的林京子说："十四岁便死去的朋友们既没有见识过青年的俊美，也没有被有力而温柔的手臂拥抱过，就那么走了。多么希望她们也能尝一尝恋爱的快乐和痛苦。"

关于自己早早夭折的弟弟（我的舅舅），母亲也曾对我说过类似的话。古希腊哲学家梭伦说："人在活着的时候不得不看一些自己本不想看的东西，遭遇一些自己本不想遭遇的事情。"

可即便如此，如果我们死了，那么这些事情就都不能经历了。

或许是因为最近也一直在想着没能见母亲最后一面的事情吧，某天晚上我竟然梦到了母亲。在梦里，我接到通知说母亲倒下了。我急忙赶过去，却发现母亲仰面倒在我过去常常散步的河边小道的草丛里。

母亲因脑梗死病倒的时候，病情日渐恶化，要转到有脑神经外科的医院。当护士把母亲抬上担架车的时候，母亲还嫌阳光晃眼，但梦中的母亲看上去丝毫也不觉得阳光晃眼。我甚至都不知道母亲的瞳孔里是否映有我的影像。